KB199290

미술,
마음,
뇌

ESSAYS ON ART AND SCIENCE

Copyright ⓒ 2024 by Eric Kandel

All rights reserved.

Korean translation copyright ⓒ 2025 by PSYCHE'S FOREST BOOKS

This Korean edition was published by arrangement with The Wylie Agency (UK) LTD, London.

이 책의 한국어판 저작권은 The Wylie Agency (UK) LTD와 직접 계약한 도서출판 프시케의숲에 있습니다. 저작권법에 의해 한국 내에서 보호를 받는 저작물이므로 무단 전재와 복제를 금합니다.

이 서적 내에 사용된 일부 작품은 SACK를 통해 ADAGP, ProLitteris, Picasso Administration과 저작권 계약을 맺은 것입니다. 저작권법에 의하여 한국 내에서 보호를 받는 저작물이므로 무단 전재 및 복제를 금합니다.

ⓒ Marc Chagall / ADAGP, Paris - SACK, Seoul, 2025

ⓒ Fondation Oskar Kokoschka / SACK, Seoul, 2025

ⓒ 2025 - Succession Pablo Picasso - SACK (Korea)

미술, 마음, 뇌

미술과 뇌과학에 관한 에세이

에릭 R. 캔델 지음

이한음 옮김

프시케의숲

내 창의적인 활동에
늘 영감의 원천이 되어준
아내 데니스에게

일러두기
———

1. 외래어 표기는 국립국어원의 표기법을 따르되 관행에 따라 일부 예외를 두었다.

2. 그림, 논문, 단편 글 등은 〈 〉, 책, 신문, 잡지 등은 《 》로 표기했다. 단, 해외 문헌의 경
   우, 책, 학술지 등은 별도의 기호 없이 이탤릭체로, 논문은 " "로 표기했다.

"과학과 인문학을 연결하려는 노력은
언제나 인간 정신의 가장 큰 과업 중 하나였고,
앞으로도 영구히 그럴 것이다."

_E. O.윌슨

이 모음집은 내 평생 이어진 미술을 향한 열정과 한 평생 이어온 신경과학 연구를 종합해서 '우리가 미술을 어떻게 경험하는가'라는 질문을 탐구한 결과물이다. 내가 매료된 빈 1900$^{Vienna\ 1900}$의 미술과 문화는 이 탐구의 중심에 놓인다. 빈 1900은 미술가, 미술사학자, 과학자 사이에 자유롭게 생각이 오가면서 모더니즘과 '감상자의 몫'이라는 개념을 낳은 시대를 가리킨다. 감상자의 지각과 감정이 참여하지 않는 한 미술은 불완전하다는 깨달음이다.

그 개념을 토대로 우리는 뇌가 어떻게 보편적이고 구체적인 규칙들을 사용해서 시각 세계를 구축하는지를 알아내기 시작했다. 우리가 그림에서 보는 이미지 같은 것들도 거기에 속한다. 그러나 뇌는 그 이미지에 자신의 개인적인 경험, 기억, 감정도 투영한다. 이런 더 고차원적 과정들이 어떻게 상호작용을 하여 감상자의 몫을 만들어 내는지를 이해하는 일은 21세기 뇌과학이 직면한 커다란 도전과제 중 하나다. 미술가 자신은 이런 무의식적 과정들—자신의 것과 감상자의 것—이 중요함을 깨닫고, 창작을 할 때 이를 의도적으로 활용하거나 나름의 도전을 할 수도 있다.

이 책에 실린 글들은 지난 10년 동안 다양한 대중을 위해 쓰거나 발표한 것들이다. 화랑이나 미술관의 특별 전시회에 딸린 책자에 수록된 글도 있고, 책의 한 장으로 실렸거나 미술관의 강연 원고였던 것도 있다. 가장 최근의 글은 감상자가 구상 미술과 추상 미술을 볼 때의 반응을 연구한 것인데, 일반 독자를 위해 읽기 쉽게 고쳐 썼다. 글마다 원래 염두에 둔 독자가 달랐기에, 미술에 대한 반응의 토대가 되는 뇌과학을 기술한 대목이 어느 정도는 겹치기도 했다. 특히 감상자의 몫에서 핵심 요소인 얼굴에 대한 반응을 다룬 내용이 그렇다. 그래서 최대한 덜어내어 가능한 한 중복되지 않게 편집했다. 그런 대목에서는 다른 글에 나온 내용을 참고하라고 언급해두었다. 또 각 글은 미술과 과학의 관계 중 특정 측면에 초점을 맞추고 있으므로, 이 모음집은 우리가 어떻게 미술을 경험하는지를 살펴보는 점점 더 늘어나고 있는 연구 성과 전체의 일부에 불과하다.

이 책이 나올 수 있도록 도움을 준 몇몇 분들에게 고마움을 전한다. 특히 편집을 맡은 블레어 번스 포터와 일이 마무리될 때까지 계속 도와준 아내 데니스에게 감사하다.

제1장

빈 1900의 모더니즘

기독교인과 유대인의 상호작용

이 심포지엄*의 제목인 "1870년까지 거슬러 올라가는 빈대학교의
반反유대주의의 긴 그림자"는 자신의 과거를 대하는 오스트리아의
새로운 태도를 특징짓는 투명성을 잘 보여주는 놀라운 사례다. 그러
나 반유대주의는 빈에서 1870년에 시작된 것이 아니었다. 역사적으
로 오스트리아는 유럽에서 반유대주의가 가장 극심한 나라에 속했
다. 가톨릭교회 중심의 문화를 지니고 있었고, 최근까지도 반유대주
의는 그 교회 문화의 일부였다.

유대인이 빈에 산 것은 천 년이 넘었고—996년부터—그 도시
의 활기찬 문화를 발전시키는 데 기여해왔지만, 반유대주의는 그 도
시의 사회적·정치적 삶의 고질병이기도 했다. 15세기에 빈에 존재
했던 작지만 놀라울 만치 생산적이면서 중요한 역할을 했던 유대인

* 오스트리아 빈대학교의 현대사연구소Institut für Zeitgeschichte가 2012년 10월에
기록보관소 연회장Festsaal des Archivs에서 개최했다.(편집자)

공동체는 1420년 황제 알베르트 5세의 손에 사라졌다. 16세기에 재구성되었지만, 1671년 레오폴트 황제의 손에 다시금 사라졌다. 이런 주기적인 추방은 18세기까지 이어졌다. 당시 마리아 테레지아 여왕은 유럽의 큰 나라 중에서 자기 영토에서 유대인을 추방한 마지막 통치자가 되었다.

오스트리아 유대인이 기독교인과 동일한 시민권을 부여받은 것은 19세기 후반기에 프란츠 요제프 황제(재위 기간 1848~1916) 때였다. 이제 유대인도 정치적·종교적 자유뿐 아니라 여행의 자유도 누릴 수 있었다. 프란츠 요제프의 정책에 힘입어서, 합스부르크 제국의 동쪽 나라들에서 많은 재능 있고 야심적인 젊은 유대인들이 빈으로 이주했다. 빈의 유대인 수는 1857년 빈 인구의 1.3퍼센트인 2,617명에서 1900년에는 14만 7,000명으로 늘었고, 이윽고 1910년에는 인구의 8.6퍼센트인 17만 5,000명으로 증가했다. 빈은 서유럽에서 유대인 인구가 가장 많은 도시가 되었다. 이 시기에 유대인과 기독교인 예술가, 과학자, 지식인 사이에 매우 생산적인 상호작용이 시작되었고, 이윽고 1900년 문화의 폭발이 일어났다. 우리가 사는 시대를 정의하는 운동인 모더니즘이 탄생했다.

나는 이 시기를 다룬 책《통찰의 시대The Age of Insight》(2012)를 쓴 바 있다. 그 책을 쓸 때 나는 당시 유대인과 기독교인 사이의 유례없는 상호작용과 그 상호작용이 개인의 창의성과 빈 문화에 미친 영향을 예리하게 인식하고 있었다. 그러나 그 상호작용 자체는 그 책에서 논의하는 주제에서 벗어나 있었다. 빈 1900부터 현재에 이르기까지 미술, 마음, 뇌에서 무의식이 어떤 역할을 하는지 이해시키는 것이

집필 목표였다.

이 글에서는 빈 1900으로 돌아가서 그 생산적인 상호작용들을 일부 살펴보기로 하자. 먼저 다룰 인물은 빈의 모더니즘 운동에 큰 영향을 끼친 자유주의적 지도자인 카를 폰 로키탄스키^{Carl von Rokitansky}다. 그는 빈대학교 의대에서 유대인과 외국인의 지위를 공공연히 옹호했다. 나는 이런 상호작용이 세계 전체에서, 특히 빈에서 모더니즘이 출현하는 데 얼마나 큰 기여를 했는지 보여주고자 한다.

모더니즘의 기원

여느 지역에서와 마찬가지로 빈에서도 모더니즘은 일상생활의 제약과 위선, 특히 여성에게 가해지던 제약과 위선뿐 아니라, 인간 활동이 이성의 통제를 받으며 우리의 정신이 정서와 감정을 제어할 수 있다는 계몽사상에 반발해서 출현한 19세기 중반의 사상이었다.

18세기 계몽주의, 이성의 시대를 출현시킨 직접적인 촉매는 16~17세기의 과학 혁명이었다. 여기에는 천문학 분야의 세 가지 중대한 발견이 포함되었다. 행성의 운동을 관장하는 법칙들을 알아낸 요하네스 케플러^{Johannes Kepler}의 발견, 태양이 우주의 중심이라는 갈릴레오 갈릴레이^{Galileo Galilei}의 발견, 아이작 뉴턴^{Isaac Newton}의 중력 발견이었다. 뉴턴은 자신이 창안한 미적분을 써서 세 운동 법칙을 기술함으로써, 물리학과 천문학을 결합시켰고 우주의 가장 심오한 진리까지도 과학적 방법을 통해 밝혀낼 수 있음을 보여주었다.

이런 성과들에 힘입어서 1660년 세계 최초의 과학 협회인 '자연 지식의 향상을 위한 런던 왕립 협회'가 탄생했다. 뉴턴은 1703년 회장으로 선출되었다. 왕립 협회의 설립자들은 신을 논리와 수학의 원리들에 따라 우주가 작동하도록 설계한 수학자라고 보았다. 과학자—자연철학자—의 역할은 과학적 방법을 적용해서 우주의 토대에 놓인 물리적 원리를 찾아내고, 그럼으로써 신이 우주를 창조하는 데 썼던 암호책을 해독하는 것이었다.

과학의 세계에서 성공을 거둔 데 자극을 받아서, 18세기 사상가들은 정치적 행동, 창의성, 예술 등 인간 활동의 다른 측면들도 이성을 적용함으로써 개선될 수 있을 것이고, 그에 따라 궁극적으로 사회도 개선되고 모든 사람이 더 나은 삶을 살아갈 수 있을 것이라고 가정했다. 이성과 과학을 신뢰하는 이 태도는 유럽의 정치와 사회생활의 모든 측면에 영향을 미쳤고, 곧 북아메리카 사회로도 퍼졌다. 이성을 통해 사회가 개선될 수 있고 이성적인 사람들이 행복을 추구할 자연권을 지닌다는 계몽사상은 미국이 오늘날 향유하는 제퍼슨 민주주의를 탄생시키는 데 기여했다.

계몽주의에 대한 모더니즘의 반발은 산업혁명 이후에 나타났고, 새로운 세계 이해를 반영했다. 천문학과 물리학이 계몽운동을 자극했듯이, 생물학은 모더니즘을 자극했다.

1859년에 나온 찰스 다윈Charles Darwin의 책《자연선택을 통한 종의 기원On the Origin of Species by Means of Natural Selection》은 모든 동물이 유연관계에 있다는 개념을 제시했다. 우리는 신이 개별적으로 창조한 존재가 아니라, 더 단순한 동물 조상으로부터 진화한 생물학적 존재라는 것이었다. 이 책과 더 뒤의 저서들에서 다윈은 성선택이 진화에 어떤 역할을 하는지도 논의했다. 그는 번식을 하는 것이 모든 생물의 첫 번째 생물학적 기능이며, 따라서 성이 인간 행동의 핵심에 놓인다고 주장했다. 성적 매력과 짝 선택은 진화에 대단히 중요하다. 수컷들은 암컷을 얻기 위해 서로 경쟁하고, 암컷은 수컷들 중에 특정한 수컷을 고른다. 이런 개념들은 나중에 성적 본능이 무의식의 원동력이고 인간 행동에서 성욕이 중추적인 역할을 한다는 것을 강조한 지그문트 프로이트Sigmund Freud의 저술에도 들어 있었다. 또 다윈은 우리가 더 단순한 동물로부터 진화했으므로, 성행위뿐 아니라 음식 섭취 측면에서도 다른 동물들과 동일한 본능적인 행동을 할 것이 틀림없다고 보았다. 프로이트는 다윈의 본능적인 행동 개념을 써서 우리의 타고난 행동에 관해 많은 것을 설명할 수 있음을 알아차렸다.

그리고 1872년에 내놓은 마지막 걸작인《인간과 동물의 감정 표현The Expression of the Emotions in Man and Animals》에서 다윈은 우리 감정이 쾌락을 추구하고 고통에의 노출을 줄이는 쪽으로 고안된 원시적이면서 거의 보편적인 접근-회피 체계의 일부임을 지적한다. 이 체계는 모든 문화에 공통적이며 진화를 통해 보존된 것이다. 프로이트의 쾌락 원리의 토대이기도 하다. 우리가 쾌락을 추구하고 고통을 회피하는 쾌락주의자라는 것이다. 따라서 마음의 다윈Darwin of the Mind이라고도 하는 프로이트는 자연선택, 본능, 감정에 관한 다윈의 혁신적인 개념들을 확장해서 무의식적 마음에 관한 자신의 개념을 구축했다.

빈 모더니즘의 특징

모더니즘은 독일, 이탈리아, 프랑스뿐 아니라 오스트리아-헝가리 제국에서도 뿌리를 내렸지만, 1890~1918년에 모더니즘 사상과 문화의 중심지는 빈이었다. 빈의 모더니스트들은 전통적인 태도와 가치에 새로운 사고 방식과 정서로 맞섰고, 현실을 구성하는 것이 무엇인지, 겉으로 보이는 사람과 사물과 사건의 아래에 무엇이 놓여 있는지 의문을 제기했다. 겉모습 아래에 놓여 있는 것을 탐구함으로써, 빈 모더니즘은 현재 우리가 살고 있는 세계를 특징짓는 태도를 제시했다. 특히 우리 자신이 진정으로 합리적인 존재가 아니라 무의식적인 성적 충동과 공격적인 충동에 휘둘리는 존재라는 관점과 과학을 토대로 지식을 통합 및 융합하려고 시도하는 태도를 정립했다.

빈 모더니즘의 이런 요소들은 지적 및 시간적으로 세 단계에 걸쳐서 발전했다. 나는 《통찰의 시대》에서 이 단계들을 상세히 논의한 바 있는데, 여기서는 각 단계가 어떻게 기독교인과 유대인의 상호작용을 통해서 발전했는지 설명하고자 한다.

첫 단계는 심리학자 지그문트 프로이트와 작가 아르투어 슈니츨러Arthur Schnitzler, 또 빈의 세 모더니즘 화가인 구스타프 클림트Gustav Klimt, 오스카어 코코슈카Oskar Kokoschka, 에곤 실레Egon Schiele가 서로 독자적으로 무의식적 감정을 발견한 것이다. 이런 독자적인 발견들의 연원을 추적하면 공통의 근원으로 이어진다. 바로 빈 의대와 그곳의 지적이면서 과학적인 지도자인 카를 폰 로키탄스키의 가르침이다. 빈 의대는 오스트리아 표현주의를 출현시킨 원동력이었다. 로키탄스키가 질병의 원인을, 즉 몸의 표면 아래 깊숙이 숨어 있는 진리를 발견하는 일이 중요함을 강조한 덕분이었다. 로키탄스키의 가르침이 계기가 되어 프로이트, 슈니츨러, 오스트리아 표현주의자들은 우리의 무의식적 감정 세계를 탐사하는 놀라운 일에 나섰고, 그 결과 우리 자신이 진정으로 합리적인 존재가 아니라는 모더니즘 관점과 마음을 다스리는 규칙을 발견하는 첫 단계가 자기 검사라는 개념을 내놓기에 이르렀다.

빈 모더니즘의 두 번째 단계는 예술과 과학의 결합이다. 이 일은 빈대학교 교수이자 1890년대에 빈 예술사학파를 이끌었던 알로이스 리글Alois Riegl이 주도했다. 리글은 자연히 예술과 관련을 맺고 있는 과학 분야로서의 심리학에 초점을 맞추었고, 예술, 특히 현대 미술이 감상자의 참여를 이끌어낸다고 주장했다. 개인이 미술 작품에 투영하는 감정과 경험은 작품의 완성에 필수적이다. 감상자가 작품에 보이는 반응을 이해할 때 심리학과 미술을 잇는 다리가 자연적으로 형성된다. 리글의 두 제자 에른스트 크리스Ernst Kris와 에른스트 곰브리치Ernst Gombrich는 논리상 그다음에 이어질 질문을 했다. 현실은 실제로 어느 정도까지 감상자의 지각을 통해 형성되는 것일까? 아름다움이란 어느 정도까지 감상자의 눈에 달려 있을까? 모더니즘 미술에 대한 감상자의 반응을 연구한 인지심리학에서 나온 통찰은 빈 모더니즘을 세 번째 단계로 이끌었다.

세 번째 단계는 감상자의 몫을 말하는 심리학을 그 밑바탕에 놓인 생물학과 통합한다. 이 발전은 지각, 감정, 감정이입을 연구하는 새로운 생물학의 출현으로 가능해졌다. 이 발전은 1950년대에 시작되어 신경미학 분야에서 오늘날까지 이어지고 있다. 곰브리치 및 크리스와 동시대 사람으로서 1930년대에 빈 의대에서 공부한 스티븐 커플러Stephen Kuffler가 시각을 과학적으로 연구하기 시작하면서 이 분야가 개척되었다.

빈 의대와 로키탄스키의 혁신

1745년 마리아 테레지아Maria Theresia 여왕은 네덜란드의 위대한 의사 게르하르트 판 스비텐Gerhardt van Swieten에게 빈대학교 의학 부문을 맡겼다. 판 스비텐은 돌팔이들의 엉터리 치료가 판치던 빈의 의학을 과학적 의학으로 변모시키는 일을 시작했고, 로키탄스키는 그 일을 완결지었다. 1840년경 빈 의대는 루돌프 피르호Rudolf Virchow가 '의학의 메카'라고 부를 정도로 세계적인 명성을 누리고 있었다. 의대가 이런 명성을 얻은 것은 빈 종합병원(그림 1.1)에서 의학의 과학적 토대를 정립한 덕분이었다. 이 병원은 의대에 속해 있었고, 의대처럼 높은 학문 수준을 유지했다.

빈 의대는 병리학에서 나온 깨달음을 활용해서 합리적이면서 객관적인 진단 방법을 개발하는 일에 앞장섰다. 이 발전을 이끈 것은 빈 종합병원의 위대한 병리학과장이자 1844년 빈대학교 교수가 된 로키탄스키(그림 1.2)와 그의 명석한 동료인 임상의사 요제프 스코다Joseph Škoda(그림 1.3)의 협력이었다. 빈 종합병원은 이 협력이 이루어질 독특한 기회를 제공했다. 유럽의 다른 병원들에서는 각 의사가

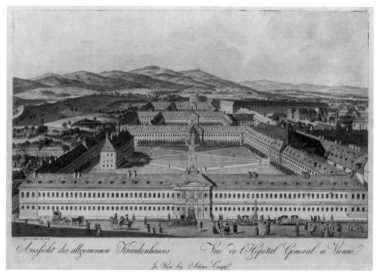

1.1   빈 종합병원, 1784.

1.2   카를 폰 로키탄스키 (1804~1878)

1.3   요제프 스코다 (1805~1881)

알아서 자기 환자의 부검을 수행한 반면, 빈 종합병원에서는 사망한 환자들의 부검을 모두 로키탄스키가 맡았다. 그 결과 로키탄스키는 6만 번쯤 부검을 했을 것이다!

이 풍부한 자료를 토대로 로키탄스키는 의사가 환자를 치료할 수 있으려면, 먼저 환자의 병을 정확히 진단해야 한다고 주장했다. 병상에 누운 환자를 검진하는 것만으로는 부족하다. 전혀 다른 질병들이 동일한 증상과 증후를 낳을 수 있기 때문이다. 의사는 병의 생물학적 토대를 이해해야 한다. 그래서 로키탄스키는 빈 종합병원에서 사망한 모든 환자를 부검해서 살펴볼 뿐 아니라, 부검 결과를 환자의 임상 증상과 연관지어서 살펴보아야 한다고 주장했다. 임상 증상은 스코다가 내놓곤 했다. 임상과 병리 양쪽에서 발견한 것들을 체계적으로 연관지음으로써, 의사는 살아 있는 환자의 질병을 진단할 수 있게 되었다. 이 혁신적인 개념 덕분에 질병의 '자연철학적' 설명은 낡은 것이 되었고, 과학적 의학의 토대가 마련되었다.

이렇게 꽃을 피운 임상 진료를 지원하는 생물학적 연구는 현재 의학 연구 분야로 자리를 잡았다. 빈의 선구적인 개념들, 즉 연구와 임상 진료가 분리 불가능하고 서로에게 영감을 준다는 것, 환자가 자연의 실험이고 병상 옆이 의사의 연구실이라는 것, 대학 부설 병원이 자연의 학교라는 것 등은 현대 과학적 의학의 토대를 이룬다.

로키탄스키는 과학의 지도자이자 대변자로 부상했다. 이 역할을 맡을 때 그는 자신의 자유주의적이고 인본주의적인 신념을 대학, 정부, 종교 사이의 갈등을 해결하는 일에도 적용했다. 게다가 겉모습 아래 숨겨진 진리를 찾을 것을 고집하는 그의 태도는 모더니즘 사상의 출현에 결정적인 영향을 미쳤다. 그러나 그의 성격—그리고 그의 활동—의 또 다른 측면도 마찬가지로 중요한 역할을 했다. 펠리시타스 제바허^{Felicitas Seebacher}는 저서 《'독일' 과학의 전당에 든 외국인^{Das Fremde im 'deutschen' Tempel der Wissenschaften}》(2011)에서 이 점을 상세히 드러냈다. 로키탄스키 시대의 빈대학교는 순수한 독일인만으로 이루어진 학문의 전당을 만드는 쪽으로 나아가고 있었다. 대체로 테오도어 빌로트^{Theodor Billroth}의 선동적인 저술이 빚어낸 결과였다. 비범한 의사이자 당대의 가장 뛰어난 외과의사였던 그는 빈대학교 부설 의대의 과학적 수준을 높이는 데에도 기여한 인물이었다. 하지만 빌로트는 유대인 문화, 특히 동유럽 유대인 문화가 의료계의 질을 떨어뜨리고 있다고 믿었고, 유대인의 의대 입학을 규제하길 원했다. 그의 저술은 대학교 내에서 반유대 활동을 촉발했고, 빈 의대에서 독일 기독교인과 유대인 학생 사이에 격렬한 충돌이 벌어지곤 했다.

로키탄스키는 그 개념을 적극적으로 반대하고 나섰다. 그는 의학 교육이 누구에게나 열려 있어야 하며, 학업 성적만을 따지면 된다고 주장했다. 대학교 내에서 강력한 정치력을 발휘하고 있던 빌로트는 로키탄스키의 관용적이고 다문화적인 태도를 공격했다. 자신이 직접 의대에 채용한 빌로트가 이윽고 거의 자신만큼 권력을 행사하는 거물이 되었음에도, 그와 당당히 맞섰다는 것은 로키탄스키가 그만큼 강인한 성격을 지녔음을 잘 보여준다.

무의식의 세계를 보라

빈 의대에서 의학을 공부하면서 로키탄스키에게 깊은 영향을 받은 유대인 학생들 중 유명해진 사람이 두 명 있다. 바로 지그문트 프로이트와 아르투어 슈니츨러다. 프로이트(그림 1.4)는 신경과학을 공부했고, 로키탄스키의 학장 임기 말년에 의대를 다녔다. 로키탄스키가 세상을 떠났을 때, 프로이트는 장례식에 참석했고 빈 의학을 대표하는 인물을 잃은 것이 비통하다고 친구들에게 편지를 썼다. 프로이트가 사망했을 때, 많은 부고 기사들은 그가 로키탄스키의 영향을 받은 것이 무척 행운이었다고 언급했다. 정신분석은 이론적이며 사변적인 학문인데, 프로이트가 탄탄한 과학적 배경을 지녔다는 점이 초기에 그 분야의 평판이 높아지는 데 핵심적인 역할을 했다.

프로이트는 전업 연구 과학자가 되고 싶었지만, 그 시대에는 과

1.4   지그문트 프로이트 (1856~1939)

학자로 살아가려면 별도의 수입이 있어야 했다. 그는 그런 수입이 없었으므로, 임상 진료 쪽으로 방향을 틀었다. 선배 요제프 브로이어Josef Breuer의 영향을 받아서 그는 정신의학, 특히 막 출현하고 있던 정신분석이라는 분야에 흥미를 느끼게 되었다. 브로이어가 막 발전시키기 시작한 분야였다. 프로이트는 로키탄스키의 정신 질환 원리를 적용해서 브로이어의 정신 과정 분석을 확장했다. 즉 정신 질환을 이해하려면, 분석가는 증상들의 아래로 파고들어가 그 병의 원인인 밑바탕에 놓인 무의식적 갈등을 살펴보아야 한다는 것이었다.

프로이트는 무의식이라는 개념을 도입했을 뿐 아니라, 모더니즘 사상에 기여한 다른 세 가지 주제도 도입했다. 첫째, 그는 인간이 합리적인 존재가 아니라 비합리적이고 무의식적인 정신 과정들에 이끌린다고 강조했다. 둘째, 그는 무의식적 성욕과 공격성을 포함한 성인의 성격을 계속 추적하면 아동의 마음으로 이어질 수 있다고 주장했다. 마지막으로, 그는 그 어떤 정신적 사건도 우연히 생기지 않는다고 주장했다. 과학 법칙을 지키고 정신 결정론psychic determinism의 원리를 따른다고 보았다. 이 점은 아주 중요했다. 프로이트 이전까지 심리학은 철학의 연장선으로 여겨졌다. 프로이트는 심리학이 독립된 학문이라고 주장한 최초의 심리학자였고, 로키탄스키의 원리를 심리학에 적용함으로써 그는 본질적으로 인지심리학을 개발했다. 그는 정신분석학자가 환자의 질병을 낳은 무의식적 동기를 이해하려고 노력해야 한다는 것을 깨달았다.

그렇긴 해도 프로이트는 많은 중요한 점들을 놓쳤다.

당시 빈의 흥미로운 점 중 하나는 무의식적 정신 과정에 관한 통찰을 얻은 사람이 프로이트만이 아니라는 것이다. 슈니츨러도 그랬고, 클림트, 코코슈카, 실레도 그랬다. 모두 동일한 시대정신 속에 살면서 동시에 인간의 정신을 탐구하고 있었고, 인간 심리를 조사한 끝에 프로이트가 깨닫지 못했던 많은 새로운 통찰을 얻었다.

프로이트를 비판한 슈니츨러

슈니츨러(그림 1.5)는 의사 교육을 받았지만, 작가가 되었다. 그는 많은 여성들과 염문을 뿌렸고, 그 결과 프로이트가 몰랐던 여성의 성욕에 관한 통찰을 얻을 수 있었다. 슈니츨러는 자신이 어떤 여성들과 사귀었는지 꼼꼼히 적었을 뿐 아니라, 상대방과의 오르가슴 횟수까지 기록했다. 그래서 프로이트가 여성의 성생활이 매우 한정되어 있고, 수동적이고 남성에 비해 섹스를 즐기지 않는다고 생각한 반면, 슈니츨러는 여성의 성생활이 풍부할 수 있음을 잘 알았다. 그는 프로이트의 도라Dora 사례 연구와 그 연구 결과에 제시된 여성의 성욕에 관한 협소하면서 어리숙한 견해를 비판했다.

〈한 히스테리 사례의 단편적인 분석Fragment of an Analysis of a Case of Hysteria〉(1905)에서, 프로이트는 이다 바우어Ida Bauer라는 16세 소녀 '도라'와 K씨의 상호작용을 적었다. 이다의 부모는 K씨 부부와 아주 친했고, 이다의 부친은 머지않아 K씨 부인과 바람을 피우기 시작했다. 앙갚음을 하기 위해 K씨는 당시 14세였던 이다에게 접근했고, 이다는 그가 껄떡거리자 몹시 기분이 나빴다. 이다는 부친에게 알렸고, 부친

1.5   아르투어 슈니츨러 (1862~1931)

은 K씨에게 사실인지 물었다. K씨는 펄쩍 뛰면서 이다가 다 꾸며낸 이야기라고 주장했다. 이다는 어린 소녀다. 상상력이 풍부할 나이다. 음란한 소설을 읽는다. 모두 없는 이야기다! K씨 부인과 바람을 피우고 있던 바우어 씨는 아무런 말썽도 생기지 않기를 바랐기에, K씨의 해명을 받아들이고 딸의 고충을 무시했다.

시간이 흐를수록 이다는 점점 침울해졌다. 결국 부친은 상담을 받으러 딸을 프로이트에게 데려왔고, 프로이트는 이다를 치료하기 시작했다. 치료를 진행할 때, 프로이트는 이다 부친의 편을 들기 시작했다. 이다가 K씨가 껄떡거린다고 상상한 것이 틀림없다고 여겼다. 프로이트는 14세 소녀가 성인 남성이 자신에게 성적인 관심을 보인다는 사실에 왜 우쭐해하지 않았는지 도무지 이해할 수 없었다.

슈니츨러는 《엘제 양 Fräulein Else》(1924)을 통해서 젊은 여성의 감수성을 알아차리지 못한 프로이트를 비판했다. 한 젊은 상류층 여성이 부모를 통해 다소 비슷한 상황에 처하는 과정을 묘사한 단편소설이었다.

엘제의 부친은 도박 빚이 점점 늘어나다가 이윽고 갚을 수 없을 지경에 이르렀고, 교도소에 들어가기 직전이었다. 엘제의 모친은 휴양지에서 휴가를 보내고 있는 딸에게 편지를 썼다. 아빠를 구할 수 있는 방법이 하나 있는데, 엘제가 집안의 오랜 친구로서 마침 그곳에서 휴가를 즐기는 중인 부자를 찾아가서 돈을 빌려달라고 부탁하라는 것이었다. 엘제는 그를 찾아갔는데, 그는 엘제가 자신과 잠자리를 함께 하면 돈을 빌려주겠다고 넌지시 말했다. 엘제는 소스라치게 놀랐다. 집안의 친구는 타협안을 제시했다. "내 앞에서 30분 동안 벌거벗고 서 있기만 하면 빌려줄게."

엘제는 반발했지만, 결국 그의 요구를 따르기로 했다. 그런 뒤 자살하기로 마음먹었다. 그녀는 외투만 입고서 그의 방으로 간다. 그가 방에 없었기에, 엘제는 그를 찾아나선다. 그는 한 작은 방에서 다른 이들과 함께 음악회에 참석하고 있었다. 엘제는 그의 주의를 끌려고 시도하다가, 그만 실수로 모든 사람들 앞에 나체를 드러내고 만다. 굴욕감에 빠진 그녀는 결국 자살한다.

슈니츨러는 이 비극적인 결과의 책임이 엘제의 부모와 그 터무니없는 요구에 있음을 독자에게 명확히 보여주었다.

클림트와 여성 성욕의 해방

오스트리아 모더니즘 미술은 로키탄스키가 의학에 도입하고 프로이트가 심리학에서 그리고 슈니츨러가 문학에서 다듬은, 더 깊은 의미를 추구하는 지적 탐구의 연장선상에 있다. 미술가들은 빈 중산층을 얇은 합판처럼 감싼 빅토리아시대 허례허식—특히 정신 생활, 섹스와 공격성, 여성과 그 성욕을 향한 사회의 제한적이고 위선적인 태도—을 뚫어서 그 밑에 놓인 현실을 드러냈다.

클림트(그림 1.6)는 여성들의 심리를 읽는 화가가 되는 데 몰두했다. 그는 초기에는 여성을 천사 같은 모습으로 그렸지만, 시간이 더 흐르자 쾌락과 고통, 삶과 죽음의 잠재력을 온전히 발휘하는 감각적인 존재로서의 여성을 그리는 쪽으로 바뀌었다. 길게 이어진 한 연작 드로잉에서 클림트는 여성의 감정을 포착하려고 시도했다. 그는 애욕을 탐구할 때, 부친 세대를 괴롭혔던 섹스를 둘러싼 죄의식

1.6　구스타프 클림트(1862~1918)

을 내던지고 여성이 홀로 또는 남성이나 여성 상대와 이룰 수 있는 다양한 성적 쾌락을 그려냈다(그림 1.7). 프로이트를 비롯한 동시대의 많은 이들이 파악하지 못한 여성 성욕의 전모를 포착하기 위해서, 클림트는 여성 관능성의 위대한 해방자가 되었다.

클림트는 서양 미술의 에로티시즘에 새로운 차원을 도입했다. 그는 감상자에게 전혀 신경을 쓰지 않은 채 실제 여성을 묘사했다. 전통적인 나체 그림(그림 1.8~1.11)은 세 가지로 특징지을 수 있었다. 첫째, 그림 속 여성은 신화적 존재다. 비너스, 마이아(마하), 올랭피아. 둘째, 여성은 마치 감상자(대개 남성)를 만족시키는 것만이 자신을 만족시키는 것인 양 감상자를 바라본다. 셋째, 여성은 종종 손으로 음부를 가리곤 한다. 여기 실린 그림들 중 두 점에서는 음부를 가리는 목적이 모호하다(그림 1.8과 1.9). 정숙한 모습일까, 아니면 자위하는 모습일까? 클림트의 작품이라면 의문의 여지가 없다(그림 1.7과 1.12).

1.7 구스타프 클림트, 〈안락의자에 앉은 여성 Seated Woman in Armchair〉(1913년경). 종이에 연필과 흰 분필.

1.8 조르조네 다 카스텔프랑코 Giorgione da Castelfranco, 〈잠자는 비너스The Sleep-
ing Venus〉(1508~10). 캔버스에 유채.

1.9 티치아노 Tiziano, 〈우르비노의 비너스Venus of Urbino〉(1538년 이전). 캔버스에
유채.

1.10   프란시스코 호세 데 고야 이 루시엔테스 Francisco Jose de Goya y Lucientes, ⟨벌
거벗은 마하 The Naked Maja⟩(1800년경). 캔버스에 유채.

1.11   에두아르 마네 Edouard Manet, ⟨올랭피아 Olympia⟩(1863). 캔버스에 유채.

1.12   구스타프 클림트, 〈오른쪽을 향하고 엎드려 있는 나체 Reclining Nude Facing Right〉(1912~13). 연필, 빨간 연필과 파란 연필.

게다가 클림트는 자기 세대의 많은 남성들이 섹스를 두려워한다는 점도 알아차렸다. 그는 여성 관능성의 해방이 죽음에 대한 불안을 수반한다는 것을 인식했다. 관능적인 주요 작품 중 하나인 〈유디트Judith〉(그림 1.13)에서 클림트는 참수라는 형태로 위장한 '공격과 거세'라는 주제를 도입한다. 홀로페르네스를 유혹한 뒤 막 살해한 유디트는 요염함으로 빛난다. 클림트는 그녀를 젊고 아주 강단 있는 여성으로 그리면서, 반쯤 가려진 옷을 아주 정교하게 묘사한다. 그녀는 감상자를 보고 있으며, 반쯤 뜬 눈으로 관능적으로 바라본다. 그리고 그림 아래쪽에 놓인 남성의 머리를 무심코 두드리고 있다.

우리는 그림의 제목을 보고서 이 여성이 유대인 여걸인 유디트이고 따라서 그 머리는 그녀 민족의 적인 홀로페르네스임을 알지만,

1.13 구스타프 클림트, 〈유디트〉(1901), 캔버
스에 유채.

이 위험한 아름다움은 분명히 현대적인 것이다. 그녀의 장신구는
고대 양식이긴 하지만 명백히 현대 생산품이며, 옷은 빈 공방Wiener
Werkstätte 특유의 섬세한 직물을 떠올리게 한다. 클림트는 자신이 그림
속에 담고 연애도 했던 당대 빈 상류층의 우아한 숙녀들을 그린 것
과 똑같은 방식으로 유디트를 묘사한다. 사실 그녀는 아델레 블로흐
바우어Adele Bloch-Bauer(클림트의 후원자─옮긴이)처럼 보인다.

유디트는 진정한 팜파탈 femme fatale이다. 그녀는 욕정과 두려움을 함께 불러일으킨다. 그렇긴 해도, 홀로페르네스의 살인은 숭고한 형태로 제시된다. 그림에는 피도 폭력도 흔적조차 보이지 않는다. 유디트는 살인을 했지만, 그 살인은 상징적으로만 나타난다.

추커칸들 살롱

기독교인인 클림트는 빈의 유대인 공동체와 폭넓게 상호작용을 했다. 그의 후원자들은 대부분 유대인이었고, 유대인 후원자이자 친구인 에밀 Emil과 베르타 추커칸들 Berta Zuckerkandl(그림 1.14와 1.15)은 그에게 로키탄스키의 개념을 소개했다. 해부학자이자 나름 중요한 역할을 한 과학자인 에밀은 로키탄스키의 동료였다. 베르타는 빈에서 가장 큰 살롱을 운영했는데, 과학자, 사업가, 작가, 의사 등이 으레 모이는 장소였다. 당연히 그녀의 남편도 들르곤 했다. 그녀는 이렇게 말하곤 했다. "내 소파에서 오스트리아는 살아 숨 쉬어." 자신의 작품에 미술과 과학을 결합하겠다는 생각은 클림트가 추커칸들 살롱을 들락거리면서 얻은 것이었다.

베르타 추커칸들은 예술 분야 언론인이었다. 그 일을 하면서 그녀는 클림트의 적극적인 옹호자가 되었다. 빈대학교 교수진이 철학, 의학, 법학을 묘사한 클림트의 벽화를 '포르노'라고 비난하면서 전시하지 못하게 막았을 때, 베르타는 강한 어조로 그를 옹호하는 기사를 썼다. 법학과 의학 교수들이 벽화가 추하다고 생각할 때, 베르

1.14 에밀 추커칸들 (1849~1910)   **1.15** 베르타 추커칸들 (1864~1945)

타는 현대 미술의 기능이 진리를 전달하는 것이며, 진리에는 사실 추한 측면도 있다고 지적했다.

에밀 추커칸들을 통해 클림트는 생물학에 관심을 갖게 되었다. 그는 다윈과 로키탄스키의 책을 읽기 시작했다. 에밀은 그에게 정자 와 난자의 슬라이드를 보여주었고, 자신의 강의도 들어보라고 초청 했다. 클림트는 강의를 들었을 뿐 아니라, 다른 미술가들에게도 추 커칸들의 세미나를 들어보라고 권했다. 클림트는 생물학 기호를 자 신의 작품에 통합하기 시작했다. 직사각형은 정자, 타원은 난자를 상징했다. 〈다나에^{Danaë}〉에서 이 기호들을 볼 수 있다. 부친에게 감금 되고 황금 빗줄기의 형태로 제우스를 통해 잉태를 하는 그리스 공주 의 초상화다(그림 1.16). 그림을 자세히 들여다보면, 황금 빗방울 속에 서 직사각형들을 볼 수 있다. 다나에의 맞은편에는 타원형들이 보인

1.16　구스타프 클림트, 〈다나에〉(1907~8). 캔버스에 유채.

다. 배아, 수정된 난자다. 클림트는 다나에가 생식력을 통해서 정자를 생명의 최초 단계로 전환시키는 것을 보여준다. 클림트가 이 그림에서 처음으로 썼던 이 생물학적 기호는 그 뒤의 작품들에서 반복되어 나타난다.

　이 상징주의가 정점에 달한 작품은 〈키스The Kiss〉(그림 1.17)다. 아마 클림트의 가장 인기 있는 작품일 것이다. 클림트는 사실적인 장식 대신에 상징의 이용을 확대함으로써 작품의 관능성을 강화한다. 따라서 연인들의 옷뿐 아니라 꽃밭에서도 상징이 장식 역할을 한다.

1.17   구스타프 클림트, 〈키스〉(1907~8). 캔버스에 유채.

클림트가 다나에의 그림에서 남근의 상징으로 썼던 직사각형은 〈키스〉에서 남성의 망토에 잔뜩 그려졌고, 여성의 옷에는 타원과 꽃의 상징으로 가득하다. 이 경계가 뚜렷한 두 성적 상징 구역은 공통의 바탕인 찬란한 황금 천에서 만나 하나가 된다. 여기서 다시 클림트는 강렬하면서 융합하는 성적인 감정을 간접적으로 묘사했다.

심리학과 예술의 결합

빈 모더니즘 두 번째 단계인 과학과 예술의 결합은 매우 재능 있는 미술사학자이자 기독교인인 알로이스 리글(그림1.18)과 유대인인 두 제자 에른스트 크리스(그림 1.19)와 에른스트 곰브리치(그림 1.20)의 상호작용을 통해 이루어졌다.

리글은 과학적 사고를 미술 비평에 체계적으로 적용한 최초의 미술사학자였다. 빈 예술사학파에 속한 그와 동료들은 예술사를 심리학과 사회학이라는 토대 위에 올려놓아 학문 분야로 정립하려고 힘씀으로써 19세기 말에 세계적인 명성을 얻었다.

리글은 미술의 새로운 심리적 측면을 발견했다. 즉 미술은 감상자의 지각적·정서적 참여가 없이는 불완전하다는 것이다. 감상자는 캔버스에 이차원으로 비슷하게 그려진 것을 시각 세계의 삼차원 묘사로 전환함으로써 화가와 협력할 뿐 아니라, 캔버스에서 보는 것을

1.18 알로이스 리글 (1858~1905)

1.19　에른스트 크리스 (1900~1957)　　**1.20**　에른스트 곰브리치 (1909~2001)

사적인 관점에서 해석함으로써 그림에 의미를 덧붙인다. 리글은 이 현상을 '감상자의 참여beholder's involvement'라고 했다(곰브리치는 이 개념을 더 다듬었고, 이를 '감상자의 몫beholder's share'이라고 했다). 리글의 이론과 당시의 심리학, 그리고 정신분석 학파들에게서 얻은 개념들을 토대로, 크리스와 곰브리치는 시지각의 수수께끼에 접근할 새로운 방법을 고안했고, 그 접근법을 미술 비평에 통합했다.

　크리스는 시지각의 모호함을 연구했고, 그 연구를 통해서 감상자가 미술 작품을 완성한다는 리글의 통찰을 더 다듬었다. 크리스는 모든 강력한 이미지가 본질적으로 모호하다고 주장했다. 미술가가 살면서 겪은 경험과 갈등에서 나오기 때문이라는 것이다. 감상자는 자신의 인생 경험과 갈등에 비추어서 이 모호함에 반응한다. 감상자의 기여 범위는 이미지가 얼마나 모호하느냐에 따라 달라진다.

크리스가 사용한 모호성^{ambiguity} 개념은 문학 평론가 윌리엄 엠프슨^{William Empson}이 도입한 것인데, "[예술 작품의] 다른 견해들을 진정한 오독 없이 취할 수도 있을" 때 모호성이 존재한다고 했다. 엠프슨은 모호성이 있기에 감상자가 예술가의 마음속에 존재하는 미적 선택, 즉 갈등을 읽어낼 수 있다는 의미로 말한 반면, 크리스는 모호성 덕분에 예술가가 자신이 겪은 갈등과 복잡성을 감상자의 뇌로 전달할 수 있다고 생각했다.

곰브리치는 크리스의 모호성 개념을 시지각 자체에까지 확장했다. 그럼으로써 그는 뇌가 단순히 카메라가 아니라, 창의성 장치임을 깨닫게 되었다. 뇌는 바깥 세계로부터 불완전한 정보를 받아서 완성한다. 우리 뇌는 그렇게 하도록 진화했다. 우리가 당연시하는 많은 것들은 진화를 통해 우리 뇌에 새겨진 것이다. 예를 들어 뇌는 우리가 어디에 있든 간에 태양이 언제나 머리 위에 있을 것임을 알아차린다. 따라서 우리는 빛이 위에서 온다고 예상한다. 그렇지 않다면 우리 뇌는 속을 수 있다. 착시 같은 사례가 그렇다. 곰브리치는 뇌가 그런 착시에 어떻게 반응하는지 흥미를 느꼈다.

또 지각은 학습, 가설 검증, 목표를 토대로 지식을 통합한다. 그리고 이 지식은 우리 뇌의 발달 프로그램에 반드시 들어가 있는 것이 아니다. 우리가 눈을 통해 받는 감각 정보의 상당량은 다양한 방식으로 해석될 수 있으며, 우리는 추론을 통해 이 모호함을 해소해야 하기 때문이다. 우리는 경험을 통해, 우리 앞에 보이는 이미지가 무엇인지 추측을 해야 한다.

19세기의 가장 중요한 물리학자 중 한 명인 헤르만 폰 헬름홀츠^{Hermann von Helmholtz}는 시지각의 이 하향 처리 과정을 최초로 발견했다. 헬름홀츠는 우리 눈이 뇌로 전달하는 이미지가 질 낮은 불완전한 정보를 담고 있음을 깨달았다. 이런 정적인 이차원 이미지로부터 역동적인 삼차원 세계를 재구성하려면, 뇌는 추가 정보가 필요하다. 따라서 그는 지각이 우리의 과거 경험을 토대로 한, 뇌의 추측과 가설 검증 과정이기도 하다고 결론지었다. 그런 경험에 토대를 둔 추측 덕분에 우리는 이미지가 무엇을 나타내는지 추론할 수 있다.

우리는 대개 시각 가설을 구축하고 그로부터 결론을 이끌어낸다는 사실을 의식하지 못하므로, 헬름홀츠는 이 하향식 가설 검증 과정을 무의식적 추론^{unconscious inference}이라고 했다. 시지각에서 하향 처리 과정이 중요하다는 점은 나중에 프로이트가 확정지었다. 그는 모서리와 모양 등 대상의 특징을 정확히 검출할 수 있지만, 그것들을 조합해서 대상을 인식하는 일을 못하는 이들이 있음을 밝혔다.

헬름홀츠의 놀라운 통찰은 지각에만 한정된 것이 아니다. 하향 처리 과정은 감정과 감정이입에도 적용된다. 유니버시티 칼리지 런던의 웰컴 신경영상 센터에서 일하는 저명한 인지심리학자 크리스 프리스^{Chris Frith}는 헬름홀츠의 통찰을 이렇게 요약했다. "우리는 물질 세계를 직접 접하는 것이 아니다. 직접 접하는 양 느껴질 수도 있지만, 그것은 우리 뇌가 일으키는 착각이다."

하향 처리가 지각에 미치는 영향을 살펴본 끝에 곰브리치는 '순수한 눈^{innocent eye}' 같은 것은 없다고 결론지었다. 즉 모든 시지각은 개념을 분류하고 시각 정보를 해석하는 과정을 토대로 한다는 것이다. 그는 우리가 분류할 수 없는 것은 지각할 수 없다고 주장했다.

리글, 크리스, 곰브리치는 우리 각자가 내재된 상향 시각 처리 과정에 덧붙여서 미술 작품에 기억도 끌어들인다는 것을 깨달았다.

우리는 전에 보았던 다른 미술 작품들을 기억한다. 우리에게 의미가 있는 장면과 사람을 기억한다. 그리고 미술 작품을 볼 때 우리는 작품을 그런 기억들과 연관짓는다. 어떤 의미에서는 캔버스에 실제로 칠해진 것을 볼 때, 우리는 그림에서 무엇을 보게 될지 미리 알아야 한다. 이런 면에서 화가의 신체적·정신적 현실 모델링은 일상생활에서 우리 뇌가 하는 본질적으로 창의적인 작업들에 대응한다.

지각에 관한 이런 심리적 통찰은 미술의 시지각과 생물학을 잇는 다리를 건설할 확고한 토대 역할을 했다.

뇌는 모호함을 참지 않는다

곰브리치는 흥미를 느끼고 시지각을 점점 파고들다가 미술에서의 모호성을 다룬 크리스의 개념에 관심을 갖게 되었고, 게슈탈트 심리학자들을 통해 유명해진 모호한 형상과 착시를 살펴보기 시작했다. 단순한 착시는 한 이미지를 두 가지 방식으로 읽을 수 있게 해준다. 그런 착시는 모호성의 본질을 보여주는 단순한 사례들이며, 크리스는 바로 그 모호성이 모든 위대한 미술 작품 자체와 감상자가 위대한 작품을 볼 때 일으키는 반응의 핵심에 놓여 있다고 주장했다. 다른 착시들도 지각 오류를 일으키도록 뇌를 유혹할 수 있는 모호한 이미지를 담고 있다. 게슈탈트 심리학자들은 이런 오류를 써서 시지각의 인지적 측면을 탐구했다. 그 과정에서 그들은 신경과학자들이 발견하기도 전에 뇌의 지각 조직화의 원리 중 몇 가지를 추론했다.

곰브리치는 모호한 형상과 착시에 흥미를 느꼈는데, 초상화나 풍경화를 볼 때 감상자에게 여러 선택지가 있음을 알았기 때문이다. 위대한 미술 작품에 몇 가지 모호함이 함께 담겨 있고, 각각이 감상자에게 저마다 다른 다양한 판단을 내릴 여지를 제시할 수 있는 경우도 많다. 곰브리치는 경쟁 관계에 있는 두 해석 사이를 지각이 오락가락하게 만드는 모호한 형상과 착시에 특히 관심이 많았다. 오리-토끼 그림(그림 1.21)은 1892년 미국 심리학자 조지프 재스트로Joseph Jastrow가 고안하고 곰브리치가《예술과 환영Art and Illusion》(1960)에서 활용한 형상 중 하나다. 보는 이는 양쪽 동물을 동시에 볼 수 없다. 긴 귀처럼 보이는 왼쪽의 두 수평 띠에 초점을 맞추면, 토끼 이미지가 보인다. 오른쪽에 초점을 맞추면 오리가 보이고, 왼쪽의 두 띠는 부리가 된다. 우리는 눈을 움직여 토끼와 오리 사이를 오락가락할 수 있지만, 그 눈 운동이 전환에 꼭 필요한 것은 아니다.

곰브리치가 이 그림에서 깊은 인상을 받은 부분은 종이에 담긴 시각 데이터 자체는 변하지 않는다는 사실이었다. 변하는 것은 우리의 자료 해석이다. 우리는 모호한 이미지를 보고서 우리의 기대와 과거 경험을 토대로 그 이미지가 토끼 또는 오리라고 무의식적으로 추론한다. 이것이 바로 헬름홀츠가 말한 가설 검증의 하향 처리 과정이다. 우리가 일단 그 이미지에 관한 어떤 가설을 구축하면, 그 가설은 시각 데이터를 설명할 뿐 아니라 다른 설명들을 배제한다. 다시 말해, 일단 오리의 이미지 또는 토끼의 이미지가 우세해지면, 더

1.21   오리-토끼 그림.

이상 설명이 필요 없어진다. 즉 그 이미지는 더 이상 모호하지 않다. 오리 아니면 토끼이며, 결코 양쪽 다일 수가 없다.

곰브리치는 이 원리가 우리의 모든 세계 지각의 밑바탕에 놓여 있음을 깨달았다. 우리는 어떤 이미지를 본 뒤 의식적으로 그것을 오리나 토끼로 해석하는 것이 아니라, 보는 순간 무의식적으로 그 이미지를 해석한다. 따라서 해석은 시지각 자체에 내재해 있다. 그저 이미지를 보는 것만으로도, 우리는 그것을 오리 또는 토끼로 인식한다. 우리는 의식적으로 한 해석에서 다른 해석으로 뒤집을 수 있지만, 그 이미지에서 양쪽 동물을 동시에 볼 수는 없다.

루빈 꽃병Rubin vase(그림 1.22)은 덴마크 심리학자 에드가 루빈Edgar Rubin이 1920년에 고안했다. 마찬가지로 두 경쟁 해석들을 놓고 지각이 엎치락뒤치락하는 사례이지만, 여기서는 지각이 뇌의 무의식적 추론에 의존한다. 토끼-오리 착시와 달리, 루빈 꽃병은 뇌가 대상

1.22   루빈 꽃병.

(형상)을 배경(바탕)과 구별함으로써 이미지를 구성할 것을 요구한다.
또 루빈 꽃병에서는 뇌가 형상을 바탕과 분리하는 윤곽선, 즉 윤곽
의 '소유권'도 할당해야 한다. 따라서 우리 뇌가 윤곽의 소유권을 꽃
병에 할당하면, 우리는 꽃병을 본다. 소유권을 얼굴에 할당하면, 우
리는 얼굴을 본다. 루빈은 착시가 작동하는 이유가 꽃병의 윤곽이
얼굴의 윤곽과 일치하기에 우리가 어느 한쪽 이미지를 선택할 수밖
에 없기 때문이라고 본다.

카니자 사각형Kanizsa square(그림 1.23)은 실제로는 없는 현실을 구성
하는 시각계의 또 다른 사례다. 이탈리아 화가이자 심리학자 가이타
노 카니자Gaetano Kanizsa가 1950년에 고안한 이 착시 그림을 볼 때, 뇌는
네 개의 하얀 원 위에 검은 사각형이 놓여 있는 이미지를 구성한다.
너무나도 명백해 보인다. 그러나 여기에 검은 사각형 같은 것은 전

Chris Wilcox

1.23 카니자 사각형.

혀 없다. 뇌가 꾸며낸 것이다! 우리가 실제로 보고 있는 것은 중심각
이 270도인 하얀 부채꼴 네 개다. 사각형의 선 같은 것은 전혀 없다.

부채꼴을 회전시키면, 사각형의 착시가 완전히 사라진다(그림
1.24). 곰브리치는 이런 사례들을 이용해서 우리가 받아들이는 정보
중 착시가 얼마나 많은 부분을 차지하는지를 보여주었다.

유니버시티 칼리지 런던의 신경미학자 세미르 제키Semir Zeki는 카
니자 사각형이 뇌가 불완전하거나 모호한 이미지를 완성하려고, 그
럼으로써 이해하려고 시도하는 사례라고 주장했다. 제키의 뇌 영상
촬영 실험은 우리가 암시된 선을 볼 때 대상 인지에 중요한 겉질 영
역을 포함해서 우리 뇌의 몇몇 영역이 활성을 띤다는 것을 보여준
다. 아마 우리가 자연에서 어떤 이미지를 올바로 지각하려면 윤곽이
온전해야 하는데 실제로는 윤곽이 일부 가려진 사례를 접하는 일이

1.24 회전시킨 카니자 사각형.

잦기에, 뇌는 스스로 가려진 선을 이어서 완성하는 듯하다. 누군가가 모퉁이를 돌아서 나오는 모습을 볼 때 바로 그런 일이 일어날 수 있다. 리처드 그레고리^{Richard Gregory}는 이렇게 상기시킨다. "우리 뇌는 거기에 있어야 '하는' 것을 덧붙임으로써 우리가 보는 것의 상당 부분을 창조한다. 우리는 추측이 잘못될 때에야 뇌가 추측하고 있음을 알아차린다."(2009, 212)

크리스와 곰브리치는 모호성과 감상자의 몫을 연구한 끝에, 뇌가 창의적이라는 결론에 이르렀다. 즉 미술가로서든 감상자로서든 간에 우리가 주변 세계를 볼 때, 뇌는 그 세계의 내면 표상을 생성한다. 게다가 두 사람은 우리 모두가 '심리학자'가 되도록 타고난다고 보았다. 우리 뇌는 남들 마음의 내면 표상도 생성하기 때문이다. 그들의 지각, 동기, 욕구, 감정에 관한 표상들이다. 이런 개념들은 현대 미술 인지심리학의 출현에 큰 기여를 했다.

그러나 크리스와 곰브리치는 자신들의 개념이 정교한 통찰과 추론에서 나온 것임을 알고 있었다. 즉 직접 검증할 수가 없고, 따라서 객관적으로 분석할 수가 없는 것이었다. 이런 내면 표상을 살펴보려면, 즉 뇌를 들여다보려면, 인지심리학은 뇌 생물학과 힘을 합쳐야 했다.

우리는 어떻게 얼굴을 알아보는가

빈 모더니즘의 세 번째이자 마지막 단계—감상자의 몫의 토대를 이루는 뇌 메커니즘의 발견—도 유대인과 기독교인의 상호작용의 산물이었다. 특히 리글이 크리스와 곰브리치에 미친 영향을 통해서였다. 리글이 없었다면, 크리스와 곰브리치는 결코 감상자의 몫에 주목하지 않았을 것이다.

초상화를 볼 때 우리 뇌는 얼굴 윤곽을 분석하고, 얼굴의 표상을 생성하고, 몸의 움직임을 분석하고, 몸의 표상을 생성하고, 감정이입을 하고, 그 사람 마음의 이론을 형성하느라 바쁘다. 이 모든 것은 감상자의 몫을 이루는 구성요소들이며, 그것들을 탐구할 수 있게 된 것은 현대 생물학 덕분이다.

마음의 이론theory of mind은 남이 나와 다른 감정, 열망, 생각을 갖춘 자신의 마음을 지닌다는 개념이다(Saxe and Kanwisher, 2003; Goldman, 2012). 예를 들어, 누군가가 당신을 향해 걸어오는 모습을 담은 그림을 볼 때, 당신은 그 사람을 향해 걸어가고픈 충동을 느낄 수도 있다. 정말로 관심이 가는 사람의 초상화를 볼 때는 그 사람에게 감정이입을 한다. 그 사람의 열망과 목표를 이해하고자 한다. 그 사람의 마음속에서 무슨 일이 일어나는지 이해하고자 한다. 또 마음의 이론은 남들이 무엇을 할지 예측할 수 있게 해준다. 이 능력은 아주 중요하며, 우리 뇌에는 그 일을 하는 전담 영역이 있다.

뇌의 얼굴 표상은 감상자의 몫에서 핵심적인 역할을 한다. 얼굴 인식의 심리학과 그 토대를 이루는 생물학적 과정은 많이 밝혀져 있다. 먼저 얼굴 인식의 심리적 측면을 살펴본 뒤, 생물학으로 넘어가기로 하자.

우리 뇌는 얼굴을 처리하는 능력이 유달리 뛰어나다. 다윈은 얼굴과 얼굴이 전달하는 감정이 모든 인간 상호작용의 열쇠라고 지적했다. 우리는 어느 정도는 남과 상호작용할 때 남이 보여주는 얼굴 표정을 보고서 남을 믿을지 꺼려할지를 판단한다. 또한 겉모습과 얼굴 표정을 보고 동성과 이성의 사람들을 가까이할지 멀리할지 판단한다.

얼굴 인식은 어려운 일이지만, 우리는 수백 명의 얼굴을 수월하게 알아볼 수 있다. 만화로 그리면 더욱 잘 알아본다. 우리 뇌는 특징을 과장한 얼굴에 특히 잘 반응하기 때문이다. 따라서 우리는 모나리자의 원래 그림보다 모나리자의 만화를 훨씬 더 쉽게 알아볼 가능성이 높다. 만화가 모나리자의 특징을 과장하기 때문이다.

뇌는 얼굴을 다른 대상들과 전혀 다르게 다룬다. 예를 들어, 우리는 물병을 뒤집어도 여전히 물병임을 알아볼 것이다. 그러나 얼굴은 뒤집으면 알아보지 못할 수도 있다. 게다가 뒤집어놓은 모나리자의 두 이미지를 본다면(그림 1.25) 둘 다 모나리자임을 알아볼 수는 있어도 표정이 다르다는 점은 알아차리지 못할 수 있다. 한쪽은 모나리자 특유의 수수께끼 같은 미소를 띤 표정인 반면, 다른 한쪽은 부자연스럽게 웃고 있는데 뒤집혀 있을 때 우리는 알아보지 못한다(그림 1.26). 얼굴이 아닌 다른 대상일 때는 그 차이를 알아차릴 것이다.

우리는 어떻게 얼굴을 알아볼까? 짧게 대답하자면, 우리 뇌의 대뇌 겉질은 네 영역으로 나뉜다. 이마엽, 마루엽, 뒤통수엽, 관자엽이다(그림 1.27). 뒤통수엽은 시각 정보가 처음에 뇌로 들어오는 곳이다. 관자엽은 얼굴 표상이 생기는 곳이다. 시각 정보는 우리 눈을 통해 들어온다. 눈 뒤쪽에는 망막이 있다. 망막은 빛을 감지하는 신경 세포들이 모여 있는 막이며, 이 신경 세포들에서 길게 뻗어 나온 축삭들이 모여 시신경을 이룬다. 시신경은 뇌의 가쪽 무릎핵lateral geniculate nucleus이라는 영역으로 연결되고, 이 영역은 시각 정보를 시각 겉질로

1.25 다빈치 〈모나리자〉의 뒤집힌 이미지들. 출처: P. Thomas, "Margaret Thatcher: A New Illusion," *Perception* 9(1980): 483, fig.1

1.26 다빈치 〈모나리자〉의 뒤집히지 않은 이미지들. 출처: P. Thomas, "Margaret Thatcher: A New Illusion," *Perception* 9(1980): 483, fig.2

중계한다. 시각 정보는 V1, V2, V3라는 몇 단계를 거쳐서 처리된다. 단계가 지날수록 정보는 점점 더 복잡한 방식으로 처리된다.

우리의 시각 이해도 유대인과 기독교인 간의 또 다른 상호작용에 많은 빚을 지고 있다. 스티븐 커플러는 유대인 집안 출신으로 빈 의 대에서 공부했다. 그는 1938년 빈을 떠났다. 먼저 오스트레일리아로 갔다가 미국으로 이주했고, 그곳에서 시각계의 생리를 규명하는 탁월한 연구를 했다. 그의 연구는 데이비드 허블David Hubel과 토르스텐 비셀Torsten Wiesel 두 제자가 이어받았는데, 둘 다 유대인이 아니었다.

커플러는 망막의 세포들에서 생성되는 전기 신호를 기록하기 시작했다. 그가 망막에 확산광을 비추었을 때에는 세포들이 반응하지 않았다. 그러나 빛을 작은 반점 형태로 망막에 비추었을 때에는 일부 세포가 반응했다. 커플러는 망막에 있는 각 세포가 감수영역receptive field이라는 특정한 작은 영역에 빛이 비추었을 때에만 반응한다는 것을 알아냈다. 게다가 각 세포는 자신의 감수영역에서 명암

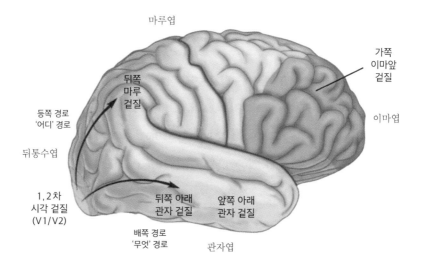

마루엽

가쪽
이마앞
겉질

뒤쪽
마루
겉질

이마엽

등쪽 경로
'어디' 경로

뒤통수엽

1, 2차
시각 겉질
(V1/V2)

뒤쪽 아래
관자 겉질

앞쪽 아래
관자 겉질

배쪽 경로
'무엇' 경로

관자엽

1.27 얼굴 인식에 관여하는 영역들. 출처: Eric R. Kandel, *The Age of Insight* (New York: Random House, 2012), 282, fig 17.1

대비가 일어날 때에만 반응한다. 어떤 세포는 어둠에 둘러싸인 상태에서 빛의 점이 닿을 때 반응한다. 커플러는 이런 세포를 '중심 흥분형[on-center]' 세포라고 했다. 거꾸로 빛에 둘러싸인 상태에서 어둠의 점에 반응하는 세포도 있다. 이런 세포는 '중심 억제형[off-center]' 세포라고 했다.

커플러가 중심 흥분형 세포의 중앙에 빛을 비추자, 전기 신호가 증가했다. 그 주변부에 빛을 비추었을 때에는 신호가 약해졌다. 확산광을 비출 때에는 아예 반응하지 않았다. 중심 억제형 세포는 반대로 반응하지만, 양쪽 세포 모두 명암 대비에 반응한다.

게다가 동일한 세기의 두 원형 빛을 망막에 비추면, 대비가 더 커지면서 한쪽이 다른 쪽보다 더 밝게 보일 수 있다. 따라서 우리가 보는 것은 어느 정도는 빛의 절대적인 세기가 아니라 표면 사이의 대비다.

둥근 형태에 관한 이 모든 정보는 겉질에 도달하면, 먼저 선들로 바뀐다. 따라서 겉질의 세포들은 작은 빛의 점이 아니라 선형 자극에 반응한다. 수직 자극에 반응하는 세포들도 있고, 빗금 자극, 수평 자극에 반응하는 세포들도 있다(이것들은 카니자 사각형에 반응하는 세포들이다. 사각형처럼 보이는 대상들은 대부분 사실상 사각형이므로, 뇌가 사각형을 꾸며내는 착시다). 이런 단계들을 거쳐서 우리 뇌는 윤곽을 조립해서 얼굴을 재창조한다.

얼굴에 민감한 세포들

과학자들은 얼굴인식불능증^{prosopagnosia}을 앓는 사람들을 연구해서 뇌의 얼굴 표상에 관해 아주 많은 것을 알아냈다. 이 증상은 요아힘 보다머^{Joachim Bodamer}가 1947년 처음 기술했다. 아래 관자 겉질이 손상된 결과다. 선천적일 수도 있고, 후천적일 수도 있다. 인구의 약 10퍼센트는 어느 정도 얼굴인식불능증이 있다. 아래 관자 겉질의 앞쪽이 손상된 사람은 얼굴을 얼굴로 인식은 하지만, 누구의 얼굴인지 알 수 없다. 아래 관자 겉질의 뒤쪽이 손상된 사람은 아예 얼굴을 알아보지 못한다. 올리버 색스^{Oliver Sacks}의 유명한 이야기 〈아내를 모자로 착각한 남자〉는 얼굴인식불능증이 있는 남자가 아내의 머리를 자신의 모자로 여기고 집어서 머리에 쓰려고 한다는 내용이다.

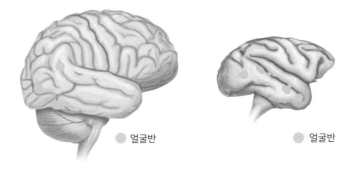

1.28   사람 뇌(왼쪽)와 마카크원숭이 뇌(오른쪽)의 얼굴반. 출처: A. Freiwald and D. Tsao, "Functional Compartmentalization and Viewpoint Generalization within the Macaque Face-Processing System," *Science* 330 (2005):846, fig.1

찰스 그로스[Charles Gross], 마거릿 리빙스턴[Margaret Livingstone], 도리스 차오[Doris Tsao], 윈리치 프라이월드[Winrich Freiwald]는 얼굴을 분석하는 연구에서 몇 가지 발전을 이루었다. 그들은 뇌 영상과 개별 세포의 기록을 조합하여 마카크원숭이의 아래 관자 겉질이라는 뇌 영역을 살펴보았다(그림 1.28). 동물에게 얼굴을 보여줄 때 관자엽에서 활성을 띠는 작은 영역이 여섯 곳 있음이 드러났다. 이 영역을 얼굴반[face patch]이라고 한다. 연구진은 사람의 뇌에서도 더 작긴 하지만 비슷한 얼굴반 집합을 발견했다. 또 원숭이의 얼굴반에 있는 세포들의 전기 신호를 기록하자, 얼굴반마다 얼굴의 다른 측면에 반응한다는 것이 드러났다. 얼굴의 정면, 옆면 등등.

차오 연구진은 원숭이의 얼굴반에 얼굴에만 반응하는 세포들의 비율이 높다는 것을 밝혀냈다. 이 세포들은 얼굴의 위치, 크기, 응시 방향의 변화뿐 아니라, 얼굴 각 부위의 모양에도 민감하게 반응

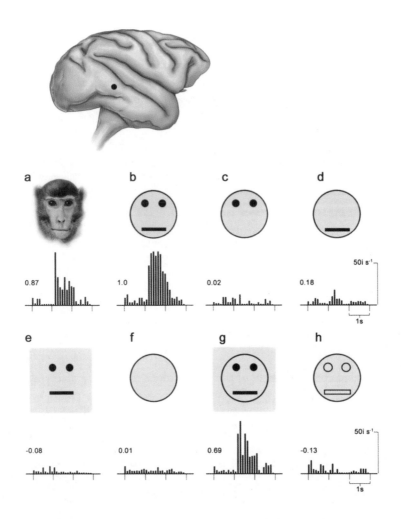

1.29 시각 자극을 주었을 때 마카크원숭이 얼굴반의 한 세포가 반응하는 양상. 출처: E. Kobatake and K. Tanaka, "Neuronal Selectivities to Complex Object Features in the Ventral Visual Pathway of the Macaque Cerebral Cortex," *Journal of Neurophysiology* 71, no.3 (1994): 859, fig.4

한다. 그림 1.29는 원숭이의 얼굴반에 있는 세포가 다양한 이미지에 어떻게 반응하는지 보여준다.

놀랄 일도 아니지만, 세포는 원숭이에게 다른 원숭이의 사진을 보여줄 때 잘 발화한다(a). 게다가 얼굴 만화에는 더욱 극적으로 발화한다(b). 사람처럼 원숭이도 실제 대상보다는 만화에 더 강하게 반응하는데, 만화가 특징을 과장해서 표현하기 때문이다. 그러나 반응을 이끌어내려면 얼굴이 완전해야 한다. 따라서 원에다가 눈만 두 개 그린 그림을 보여주면 세포는 전혀 반응하지 않는다(c). 입만 있고 눈이 없는 그림에도 전혀 반응하지 않는다(d). 사각형 안에 두 눈과 입—코는 필요없다—을 그려넣었을 때에도 전혀 반응하지 않는다(e). 원숭이에게 텅 빈 원만 보여주었을 때도 마찬가지다(f). 세포는 원 안에 두 눈과 입이 그려져 있을 때에만 반응한다(g). 눈과 입이 윤곽선으로만 그려져 있다면, 세포는 반응하지 않는다(h). 또 원숭이에게 뒤집힌 얼굴을 보여줄 때도, 반응은 없다. 반면에 눈이나 입이 일그러져 있으면, 세포는 강하게 반응한다.

거울 뉴런에 대하여

뇌는 얼굴뿐 아니라 몸의 표상도 생성하며, 마찬가지로 여기에서도 감상자의 몫이 있다. 시각 겉질 뒤쪽에는 줄무늬외 겉질extrastriate cortex 이라는 영역이 있는데, 이 영역은 팔, 손, 다리 같은 신체 부위에 반응한다. 그 뒤에는 몸뿐 아니라 운동까지 처리하는 영역이 있으며,

이는 생물의 운동뿐 아니라 인위적인 운동까지 포함해서 모든 유형의 운동을 처리한다. 또한 팔을 뻗거나 다리를 움직이는 것 같은 생물의 움직임만 분석하는 영역도 있다.

후자의 두 영역을 일컬어 거울 뉴런 체계^{mirror neuron system}라고 한다. 원숭이에게 다른 원숭이가 움직이는 모습, 이를테면 컵을 집어서 물을 마시는 모습을 보여줄 때 이 거울 뉴런이 반응한다는 것이 드러났다. 원숭이에게 사람이 컵을 집어서 마시는 모습을 보여줄 때도 이 세포들이 반응하며, 심지어 사람이 그냥 컵을 집는 모습에도 반응한다. 원숭이 뇌에 있는 이 세포들은 움직임을 거울처럼 비춘다. 이 영역은 다른 원숭이나 사람이 하는 행동에 반응하지만, 그렇다고 해서 관찰자 자신에게서 해당 행동이 촉발되는 것은 아니다.

이는 단순히 무언가를 관찰하는 것만으로도 우리가 그 행동을 수행하도록 우리 운동계를 훈련시킨다는 것을 보여준다. 아기도 그렇게 한다. 현재 우리는 아기가 부모의 말에 귀를 기울일 뿐 아니라, 부모의 입술을 실제로 읽고 입 움직임을 조용히 흉내 냄으로써 언어의 몇몇 측면을 습득한다고 본다.

유대인 화가 집단의 출현

성경의 두 번째 계명은 그 어떤 '우상^{graven image}'도 만들지 말라는 것이다. 유대인은 이 계명을 숭배 목적의 이미지뿐 아니라 목적에 상관없이 그 어떤 표현물도 만들지 말라는 것이라고 해석해왔다(그리고 이슬람은 더욱 엄격하게 해석한다). 이런 금지는 20세기가 시작될 때까지도 거의 예외 없이 유지되었다.

유대인 회화 작품을 처음으로 쏟아낸 것이 1920년대의 파리화파였다고 널리 받아들여져 있다. 마르크 샤갈Marc Chagall, 생 수틴Chaïm Soutine, 줄스 파스킨Jules Pascin, 아메데오 모딜리아니Amedeo Modigliani, 미셸 키코인Michel Kikoine 같은 이들이었다. 클림트, 코코슈카, 실레 등 오스트리아의 잘 알려진 모더니즘 화가들은 유대인이 아니었지만, 이 세 화가에게 영감을 준 바로 그 문화적 힘은 역사적으로 유대인에게 이미지를 만들지 못하게 금지했던 바로 그 제약을 완화시켰다. 그 결과 세기의 전환기에 빈에서도 유대인 화가 집단이 출현했다. 남성 둘과 여성 셋으로 이루어진 집단이었고, 이들의 작품은 흥미로우면서 중요한 역할을 했다. 게다가 비록 널리 인정을 못 받고 있긴 하지만, 이 창의성 분출이 일어난 시기는 샤갈, 수틴, 파스킨, 모딜리아니, 키코인 같은 파리의 유대인 화가들보다 더 앞섰다.

리하르트 게르스틀Richard Gerstl(1883~1909)은 빈의 가장 뛰어난 화가에 속했고, 오스트리아 최초의 표현주의 화가였다. 코코슈카보다도 더 앞서서 게르스틀은 반 고흐와 뭉크가 현대 회화에 도입한 강렬한 감정과 색채를 담은 작품을 내놓았다(그림 1.30).

또 게르스틀은 실레보다 더 먼저 자신의 나체를 묘사한 작품을 내놓았다. 〈행위로서의 자화상Self-Portrait as an Act〉이라는 걸작이 한 예다(그림 1.31). 비록 활동한 기간은 아주 짧았지만—그는 25세에 자살했다—게르스틀은 표현주의 운동의 주축이었고, 그의 작품은 코코슈카와 실레의 작품과 같은 반열에 놓인다.

1.30 리하르트 게르스틀, 〈자화상 Self-
Portrait: Nude on a Blue Ground〉
(1904~5). 캔버스에 유채.

1.31

리하르트 게르스틀,
〈행위로서의 자화상〉
(1908년경). 캔버스에
유채.

게르스틀은 생애 마지막 2년 동안, 여름이 되면 당시 더 영향력 있던 유대인 예술가인 아르놀트 쇤베르크Arnold Schoenberg와 함께 트라운호의 휴양지에서 지냈다. 그는 쇤베르크에게 미술을 가르쳤다. 쇤베르크는 아마 제2 빈 음악파를 이끈 작곡가로 가장 잘 알려져 있을 것이다. 1908년 그는 중심이 되는 음이 없고, 음색과 음조의 변화만 있는 화성이라는 개념을 도입했다. '무조성atonality'이라는 이 혁신적인 작곡 형태는 미술에도 새로운 개념을 낳기에 이르렀다. 러시아의 화가이자 미술 이론가인 바실리 칸딘스키Wassily Kandinsky는 1911년 쇤베르크의 음악회에 갔다온 뒤, 최초의 진정한 추상미술 작품을 그렸고, 그럼으로써 20세기의 가장 급진적인 미술 운동을 촉발했다.

그러나 쇤베르크는 재능 있는 독창적인 화가이기도 했다. 1908~1912년에 그는 게르스틀의 강렬한 감정과 주관적 인상을 한 단계 더 밀고 나간 그림들을 그렸다. 전통적인 초상화(그림 1.32)와 더 뒤의

1.32 아르놀트 쇤베르크, 〈자화상Self Portrait〉(1910년경). 캔버스에 유채.

1.33　아르놀트 쇤베르크,
〈붉은 환영 Vision Rouge〉
(1910). 판지에 유채.

1.34　아르놀트 쇤베르크,
〈자화상 Self-Portrait〉
(1910). 판지에 유채.

1.35　아르놀트 쇤베르크,
〈환영 Vision〉(1910).
판지에 유채.

'환영vision' 연작들(그림 1.33과 1.34)이 그랬다. 쇤베르크의 '환영' 연작
은 표현주의를 넘어 상징적·추상적 표현으로 나아갔다(그림 1.35).

　이 두 사람뿐 아니라, 클림트, 코코슈카, 실레와 어울렸던 유달리
재능 있던 유대인 여성도 셋 있었다. 이들의 작품은 이 남성 동료들
의 것보다 인정을 못 받았고, 평론가들은 이제야 그런 상황을 바로
잡는 일을 시작했다. 티나 블라우Tina Blau는 아름다운 인상파 풍경화
를 그렸다(그림 1.36). 빈의 풍경 좋은 공원을 묘사한 주요 작품인 〈프
라터의 봄〉은 시 당국이 구입했다. 클림트와 실레의 친구인 콜러 피
넬Broncia Koller-Pinell은 실내를 주로 그렸고, 가정적인 것들에 초점을 맞
추었다. 당시 여성화가로서는 드물게 여성의 나체도 그렸다(그림
1.37). 아마 대중과 미술 평론가에게 가장 인정을 받은 사람은 중요
한 조각가이자 화가인 테레사 라이스Teresa Reis일 것이다(그림 1.38). 테

1.36 티나 블라우, 〈초록 숲에서, 프라터의 봄In the Green Forest, Spring in the Prater〉(1884). 나무판에 유채.

1.37 브론시아 콜러 피넬, 〈앉아 있는 나체Seated Nude〉(1907). 캔버스에 유채.

1.38   테레사 라이스, 〈자화상 Self-Portrait〉.

오도어 헤르츨$^{Theodore\ Herzl}$, 슈테판 츠베르스$^{Stefan\ Zwers}$, 마크 트웨인 같은 이들이 그녀의 작품에 관심을 가졌다.

애호가, 후원자, 구매자

모더니즘 미술가의 후원자는 대부분 유대인이었다. 그들은 미술가를 널리 알리고 지원하는 화랑 주인이기도 했다. 특히 두드러진 인물은 오토 칼리르$^{Otto\ Kallir}$였다. 이렇게 된 데에는 심리적 측면도 어느 정도 관련이 있었다. 유대인은 새로운 정체성을 갖고 싶어 했다. 그들은 빈 문화에 동화되고 싶었다. 모더니즘은 새롭고 흥미로운 운동이었기에, 그들은 그 운동에 참여하고 싶어 했다. 그 방법 중 하나는 모더니즘 작품을 구입하는 것이었다. 그런 한편으로 유대인 후원자가 모더니즘 작품을 지원한 것은 그런 작품이 무척 마음에 들어서이기도 하다. 페르디난트 블로흐$^{Ferdinand\ Bloch}$는 유대인 후원자로서 중요한 역할을 한 사람인데, 클림트에게 자신의 아내인 아델레를 그려달라고 의뢰했다(그림 1.39, 〈Adele Bloch-Bauer I〉(1907). 캔버스에 유채, 은박과 금박).

모더니즘 미술을 사랑한 또 다른 중요한 유대인 후원자는 훨씬 뒤에 등장했다. 미국인인 로널드 로더$^{Ronald\ Lauder}$였다. 로더는 1958년 14세 때 처음 빈을 방문했다가 클림트의 아델레 블로흐 바우어 초상화를 보고 푹 빠졌다. 당시 그 작품은 벨베데레 상궁 미술관에 걸려 있었다. 48년 뒤 로더는 그 작품을 1억 3,500만 달러에 구입했다. 당시 가장 고가에 거래된 작품이었다. 로널드 로더가 기꺼이 1억 3,500만 달러를 낼 만치 아델레의 초상화를 사랑했다는 사실은 무엇을 말해줄까?

아마 14세의 로더가 처음 그 그림을 보았을 때, 쾌감과 관련된 뇌의 도파민 체계가 격렬한 반응을 보였을 것이다. 이 반응은 도파민 생산을 증가시켰을 뿐 아니라, 연애와 관련이 있는 눈확이마 겉질 orbitofrontal cortex의 뉴런도 아주 강하게 활성화했다(그림 1.40). 도파민 체계는 스프링클러 장치와 비슷하다. 감상자의 몫의 모든 측면에 영향을 미친다. 또 음식, 음료, 섹스뿐 아니라 아편, 코카인, 담배, 술 같은 중독성 물질에 대한 반응에도 관여한다. 로더는 그 작품을 소유하고 싶었지만, 물론 그럴 수 없었다. 그는 해마다 여름이면 벨베데

1.39

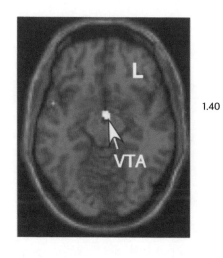

1.40 연애는 뇌의 도파민 체계에 있는 세포들을 활성화한다. L: 왼쪽left side, VTA: 복측 피개 영역ventral tegmental area. 출처: A. Aron, et al., "Reward, Motivation, and Emotion Systems Associated with Early Stage Intense Romantic Love," *Journal of Neurophysiology* 94 (2005): 332, fig.4

레 상궁을 찾아갔고 계속 생각했다. 이걸 소유하면 얼마나 좋을까?

마침내 그 작품이 시장에 나왔을 때, 지난 세월 동안 로더의 도파민 체계는 한껏 고조되어 있는 상태였다. 그는 너무나도 절실하게 그 그림을 원했다. 결국 그는 그림을 구입했다. 그 그림으로부터 너무나도 많은 기쁨을 얻었고, 그림이 자신에게 보여주는 것에 중독되기에 이르렀기 때문이다.

빈 1900을 만든 유대인들

빈 1900은 놀라운 시대의 놀라운 도시였지만, 당시 빈은 이미 한 세기 넘게 서양 음악 문화의 중심지로 자리를 잡은 상태였다. 그 도시는 하이든, 모차르트, 베토벤, 슈베르트, 브람스, 말러의 활동 중심지였고, 쇤베르크, 베르크Berg, 베베른Webern이 그 뒤를 이었다. 이 위대한 음악 전통은 왕실과 중산층의 지원을 받았다. 빈은 1870년부터 처음으로 의학, 심리학, 철학, 경제학, 예술 부문에서도 탁월함을 보이기 시작했다. 유대인 작가 슈테판 츠바이크Stefan Zweig는 제1차 세계 대전 이전의 빈을 이렇게 묘사했다.

유럽에서 빈만큼 문화적 이상을 열정적으로 추구한 도시는 거의 없다. 바로 군주제 때문에, 오스트리아 자체 때문에, 수 세기 동안 정치적 야심도 없었고 군사 활동에도 그다지 성공을 거둔 적이 없었기에, 시민의 자존심은 예술적으로 우월해지려는 욕망을 더욱더 강하게 부채질했다 (⋯) 여기서 니벨룽의 노래가 울려퍼졌고, 여기서 음악이라는 불멸의 플레이아데스 성단이 전 세계로 빛을 발했다. 글룩, 하이든, 모차르트, 베토벤, 슈베르트, 브람스, 요한 스트라우스, 여기서 유럽 문화의 모든 물줄기들이 하나로 모였다 (⋯) 포용성이라는 특별한 재능을 갖추고 사람들을 환대하던 이 도시는 가장 다양한 세력들을 끌어들이고, 그들을 느긋하게 만들고 화해시키고 부드럽게 만들었다. 이 정신적 화해의 분위기 속에서 산다는 것은 달콤하기 그지없었고, 모든 시민은 무의식적으로 초국가적이고 사해동포적인 세계의 시민이 되었다.(1943)

프란츠 요제프의 개혁 조치 이후에 빈으로 온 유대인들은 문화와 학문을 갈구했고, 그들은 그 도시가 새로운 예루살렘임을 알아차렸다. 기나긴 역사 동안 이어진 유대교의 학구열은 세 가지 특징으로 요약할 수 있다. 첫 번째는 역사를 이야기로 구성하는 것이다. 기원전 약 1900년에 기원했을 때부터 유대인은 모세서, 예언서, 탈무드라는 다섯 권의 책에서 자기 종교의 역사 전체를 강조했다. 두 번째 특징은 보편적인 문해력이다. 서기 70년에 로마인이 예루살렘의 제2성전을 파괴한 뒤, 유대인은 더 이상 사제를 통해서 신과 소통할 수 없었다. 그들은 직접 신과 소통해야 했다. 그래서 모든 유대인은 성경, 탈무드, 그 주석을 읽는 법을 배워야 했다. 그리스와 로마가 엘리트만 교육시키고 있던 시기에, 모든 유대인은 사회 계급에 상관없이 읽고 쓰는 법을 배워야 했다. 그 결과 유대인은 책의 민족이 되었고, 학업은 가장 숭배하는 대상이 되었다. 세 번째 특징은 같은 현안의 다양한 관점들을 비판적으로 생각하는 법을 배우는 것이다. 이 능력은 경전에 붙은 다양한 주석들, 특정한 문장이 어떤 의미라고 주장하는 주석들을 연구함으로써 나온다. 어떤 의미에서 이는 유대인이 감상자의 몫을 처음으로 접하는 사례라고 할 수 있다. 이런 훈련을 받은 덕분에 유대인 미술사가들은 미술에서의 모호성을 연구하는 데 관심을 갖게 되었다.

또 제2성전의 파괴는 유대인을 뿔뿔이 흩어놓았다. 이를 디아스포라라고 한다. 유대인은 성지를 떠나 중동과 유럽으로 흩어질 때, 그곳의 무슬림 및 기독교인 주민들과 상호작용을 했다. 8세기부터 12세기까지 그들은 무슬림 스페인에서 평온하게 살았다. 무슬림은 유대인에게 자립적인 삶을 살도록 장려했고, 그 결과 유대인과 무슬림 사이, 학자와 과학자 사이에 창의적인 상호작용이 만개했다. 유대인은 아랍어 문헌을 히브리어로, 히브리어 문헌을 아랍어로 번역함으로써, 자신들끼리 또 다른 사람들과의 의사소통에 기여했다. 그들은 식물학, 의학, 수학에 중요한 기여를 하기 시작했다.

무슬림 스페인에서 유대인이 놀랍도록 창의성을 분출하고 지역 문화에 기여한 사례에 가장 맞먹는 일이 벌어진 것이 빈 1900이었다. 앞서 살펴보았듯이, 테오도어 헤르츨, 요제프 브로이어, 지그문트 프로이트, 아르투어 슈니츨러, 베르타와 에밀 추커칸들, 휴고 폰 호프만슈탈Hugo von Hofmannsthal, 루트비히 비트겐슈타인Ludwig Wittgenstein, 카를 크라우스Karl Kraus, 구스타프 말러, 아르놀트 쇤베르크 등 유대인 수십 명이 놀라운 창의성을 발휘한 것은 어느 정도는 유대인이 아닌 오스트리아인들과 상호작용을 한 덕분이었다. 빈의 위대한 유대인 미술사학자인 한스 티체Hans Tietze는 이렇게 썼다. "유대인이 없다면 빈은 지금과 같지 않을 것이고, 빈 없는 유대인은 수 세기 만에 누리는 가장 눈부신 시대를 잃을 것이다."(1933).

돌이켜보는 '기나긴 그림자'

반유대주의는 보편적이지만, 그것에 반대한다고 목소리를 내는 이들도 종종 있다. 예를 들어 프랑스에서 드레퓌스 사건Dreyfus Affair이 일어났을 때, 에밀 졸라Emile Zola를 비롯한 많은 이들은 드레퓌스를 지지하고 나섰다. 마찬가지로 프란츠 요제프의 통치를 특징짓는 자유주의 시대에, 오스트리아에는 그 황제와 로키탄스키가 있었다. 그러나 그 뒤의 시대—돌푸스Dollfuss 총리(1932~1934), 슈슈니크Schuschnigg 총리

(1934~1938), 히틀러 시기—에는 공개적으로 유대인을 옹호하고 나선 저명한 오스트리아인이 거의 없었다. 사실 히틀러가 오스트리아를 병합한 뒤, 오스트리아에는 유달리 악성 형태의 반유대주의가 출현했다. 역사 기록에 따르면, 홀로코스트 때 자행된 범죄 중 거의 절반은 오스트리아인이 저질렀다. 히틀러의 대독일에서 오스트리아 인구가 차지한 비율은 겨우 8퍼센트였음에도 그랬다.

전후에 오스트리아는 자국의 범죄를 감추기 위해서 엄청난 노력을 기울였다. 독일이 자신의 과거를 탄복스러울 만치 투명하게 검증하고 나선 반면, 오스트리아는 그렇지 못했다. 토마스 베른하르트Thomas Bernhard를 비롯한 소수의 작가와 예술가는 전쟁이 끝나자마자 공개적으로 반성을 촉구하고 나섰지만, 그런 이들은 드물었다. 그 결과 오스트리아에서는 제2차 세계대전 이후에도 반유대주의가 이어졌고 지금도 여전히 그렇다. 감사하게도 약해진 형태이긴 하지만. 제2차 세계대전이 끝난 지 46년이 지난 1991년에야 비로소 프란츠 프라니츠키Franz Vranitzky 총리가 오스트리아가 홀로코스트에 참여했음을 처음으로 공식 인정했다.

유대인 출신 중에 유일하게 오스트리아 총리가 된 브루노 크라이스키Bruno Kreisky조차도 반유대주의를 외면했다. 나는 도무지 이해가 가지 않았는데, 뉴욕에 있는 오스트리아 문화 포럼의 회장인 안드레아스 슈타들러Andreas Stadler가 크라이스키를 로베르트 무질Robert Musil의 고전 소설《특성 없는 남자A Man Without Quality》의 주인공 울리히에 빗대어 정의했을 때 비로소 이해가 갔다. 슈타들러는 크라이스키가 울리히와 정반대인 사람이라고 주장했다. 특성을 지닌 남자였다. 그것도 많은 좋은 특성을 지닌 사람이었다.

　대체로 1959년부터 1966년까지 외무장관으로 있었고 1970년부터 1983년까지 총리를 지낸 크라이스키 덕분에 오스트리아는 독립 국가로서의 자신감을 회복하기 시작했다. 크라이스키는 오스트리아 역사상 최초의 사회주의자 총리였다. 그는 국가의 경제를 안정시키고 번영의 기틀을 잡았다. 그는 독특하면서 독립적이고 강한 외교 정책을 수립했다. 크라이스키 덕분에 오스트리아는 1914년 이래 처음으로 경제적으로 탄탄하고, 정치적으로 안정되고, 중부 유럽의 상황에 영향을 미칠 수 있는 국가가 되었다. 또 1914년 이래 처음으로 오스트리아는 세계의 이목을 집중시켰다. 크라이스키는 탄탄한 보건 의료 토대를 마련하는 등 국민에게 다양한 혜택을 제공하는 강력한 사회민주주의 국가를 정립했다. 오스트리아가 국제 사회에서 점점 중요한 역할을 하고 있음을 인정하여, 유엔은 1979년 빈에 세 번째 사무국을 설치했다.

　크라이스키가 임기를 마칠 즈음에 오스트리아는 현대 국가가 되어 있었다. 세계에 개방적이고, 사회적으로 배려하고, 경제가 잘 돌아가고, 다원주의적인 국가였다. 1970년 그가 총리가 되었을 때와는 훨씬 달라진 나라가 되어 있었다. 이는 놀라운 성취였고 지금도 여전히 그러하며, 당연히 크라이스키는 전후 시대 오스트리아의 가장 중요한 총리로 인정을 받아왔다.

　이런 의미에서 크라이스키는 유대인과 대체로 기독교인 국민들 사이에 생산적인 상호작용이 이루어졌음을 보여주는 탁월한 사례다. 그러나 크라이스키는 덜 모범적인 특성들도 지니고 있었고,

그가 자신의 유대주의를 향해 보이곤 했던 태도가 한 예다.

오스트리아 사회주의당의 젊은 지도자일 때 크라이스키는 엥겔베르트 돌푸스의 오스트리아파시즘 정부에 반역죄로 기소되어 15개월 동안 옥살이를 했다. 돌푸스 정부는 다른 모든 정당을 불법화했다. 히틀러가 오스트리아를 병합한 직후인 1938년 9월, 크라이스키는 스웨덴으로 탈출했고, 제2차 세계대전 동안 오스트리아를 휩쓸었던 반유대주의 물결로부터 벗어나서 안전하게 지낼 수 있었다. 그가 사회주의자였기에 투옥된 것은 분명하다. 그러나 전후에 지몬 비젠탈Simon Wiesenthal과 논쟁을 벌일 때 그는 오스트리아에서 유대인으로 사는 것보다 사회주의자로 사는 것이 더 힘들었다고 아연실색케 하는 말을 내뱉었다. 홀로코스트 때 600만 명이 살해당했고, 오스트리아가 거기에 일조했다는 것은 명백한 사실이다. 그들 중 대다수는 사회주의자였기 때문이 아니라, 유대인이었기에 죽었다.

운 좋게도 크라이스키의 내각에는 하인츠 피셔Heinz Fischer가 있었다. 현대의 졸라와 로키탄스키에 해당하는 인물이다. 그는 나중에 연방 대통령이 되었는데, 내가 볼 때 1960년대 이래로 신나치주의자들에 맞서서 줄기차게 싸운 그야말로 크라이스키가 국가 정체성에 공헌한 만큼 오스트리아가 소수파를 받아들이고 반유대주의를 혁파하는 데 기여한 인물이다. 게다가 피셔의 리더십과 개방적인 태도 덕분에 다른 사람들도 나서서 공개 발언할 분위기가 조성되었다. 아마 그런 이들 중 가장 앞장선 인물은 에른스트 키르슈베거Ernst Kirschweger일 것이다. 그는 1965년 피셔와 함께 신나치주의자들에게 맞서서 시위를 했고, 한 신나치주의자가 내놓은 반유대주의 발언에 맞서 강력한 입장을 표명했다. 하지만 그는 그 뒤에 그들에게 살해 당하고 만다. 키르슈베거는 진정한 영웅이며, 2013년 1월 호프부르 크에서 신나치당 대회에 맞서 반대 시위를 벌인 3,000명도 그렇다.

현재 오스트리아의 많은 이들은 불관용을 묵인하지 않는다. 내 가 만나본 사람들 중에 국가 평의회 의장인 바르바라 프라머[Barbara Prammer], 베르너 파이만[Werner Faymann] 총리, 빈 시장인 미카엘 호이플[Michael Häupl], 오스트리아의 저명한 물리학자 안톤 차일링거[Anton Zeilinger], 의사 이자 국회의원인 에르빈 라칭거[Erwin Razinger], 그리고 내 친구들인 뉴욕 오스트리아 문화 포럼 회장 안드레아스 스타들러, 뉴욕의 오스트리 아 총영사 페터 브로초프스키[Peter Brozowski]는 내게 희망을 안겨준다.

나는 오스트리아가 마침내 위대한 자유민주주의 국가가 되었을 뿐 아니라, 피셔, 호이플, 프라머, 파이만의 영향 아래 내가 고통스럽 고 뿌리 깊은 단점이라고 여겨왔던 것을 바로잡고 있다는 사실이 기 쁘다. 유대인 시민이 오스트리아의 경제, 학계, 창의력에 엄청난 기 여를 해왔다는 점을 인정하지 않으려 하는 태도가 바뀌고 있다. 빈 의 유대인 삶을 살펴본 역사학자 조지 버클리[George Berkley]는 이렇게 썼 다. "유대인을 향한 뿌리 깊은 증오를 드러내온 그 세월 내내 너무나 많은 유대인이 그 도시에 강한 애착을 느껴왔다는 사실은 가장 큰 아이러니 중 하나로 남아 있다."

내가 요즘 꾸는 꿈 중 하나는, 빈에서의 삶이 너무나 즐겁고 모두 가 환영받기에 젊은 유대인들이 다시 빈으로 모여드는 광경이다. 아 마 그들은 빈 1900을 재현하는 새로운 시대를 빈에서 창조할 것이 다. 빈은 유대인과 비유대인이 하나가 되어 다시금 과학과 문화의 창의성을 활짝 꽃피울 공간이 될 것이다.

최근에 링슈트라세(빈 중심부에 위치한 순환도로—옮긴이)의 이름이 카를 루거 링Karl Lueger Ring에서 유니버시티 링University Ring으로 바뀐 것은 빈대학교에 드리운 반유대주의의 긴 그림자를 없애는 쪽으로 나아가는 하나의 전환점이다(카를 루거는 1897~1910년 빈 시장을 지낸 인물로 나치즘의 모델로 여겨지기도 한다—옮긴이). 내 개인의 역사 및 나와 오스트리아의 점진적인 화해 쪽에서 볼 때도 확실히 중요한 전환점이다. 그래서 나는 이 변화를 일으키는 데 기여한 안드레아스 마일라트 포코르니Andreas Mailath-Pokorny, 안드레아스 슈타들러, 안톤 차일링거를 비롯한 많은 젊은 사람들에게 깊이 감사한다. 오스트리아가 계속 변화하기를 기대한다!

제2장

생 수틴의 실존적 불안

유대 문화의 맥락과 뇌과학적 분석

특정한 미술가의 작품을 제대로 이해하려면, 그 미술가의 삶이 어떠했고, 어떤 문화에서 자라고 살았으며, 어떤 미술가들에게 배우고 누구와 상호작용했고, 어떤 다양한 작품들을 내놓았고, 그 작품에 감상자가 어떻게 반응하는지를 아는 것이 도움이 된다. 수틴이 출현한 사회적 맥락을 이해한다면, 그의 미술을 더 깊이 이해하고 더 즐길 수 있을 뿐 아니라, 그의 작품에 대한 우리의 반응을 파악하는 데에도 도움이 된다.

십계명, 아슈케나지, 신비주의 논쟁

역사적으로 유대인은 제2계명에 따라 시각 이미지를 만드는 것을 피했다. "너를 위하여 새긴 우상을 만들지 말고 또 위로 하늘에 있는 것이나 아래로 땅에 있는 것이나 땅 아래 물속에 있는 것의 어떤 형상도 만들지 말라." 우상 숭배를 막기 위한 이 금지는 대체로 자유롭게 해석되었다. 유대인은 역사 내내 이미지들을 만들어왔기 때문이다.[1] 그럼에도 유대 미술은 서기 70년 티투스의 지휘 아래 로마군이 제2성전을 파괴하고 예루살렘을 무너뜨렸을 때—바빌로니아인들이 제1성전을 파괴한 지 거의 500년 뒤—성지에서 두 번째로 탈출하여 다른 지역들로 흩어지기 전까지는 그다지 널리 퍼지지 않은 듯하다.[2] 고대 이스라엘의 땅에 유대인이 계속 존재했을지라도, 역사가들은 유대인이 절멸을 피해 살아남은 주된 이유가 로마 제국과 페르시아 제국 각지로, 더 뒤에는 유럽 각지로 흩어져서 그 디아스포라 이래로 공동체들의 연결망을 구축했기 때문이라고 믿는다.

디아스포라 이후 유대 미술의 초기 사례는 서기 2세기 로마 카타콤의 묘석에 나타난다. 그중 일부에 제식용 촛대인 메노라menorah나 더 나아가 죽은 이의 모습이 새겨져 있다. 디아스포라 시기 유대 미술의 가장 인상적인 사례는 서기 3세기 로마 제국의 동쪽 국경 지대에 있는 시리아 두라에우로포스에 그려진 성경의 58가지 장면을 묘사한 28점의 프레스코화다. 나중에 중세 시대에 유대인은 사람과 동물의 그림을 곁들인 필사본들을 제작했다. 특히 하가다Haggadah(율법과 무관한 교훈적인 내용을 담은 책—옮긴이)가 그랬다.[3]

성지를 떠난 유대인 중 일부는 유럽 북동부에 정착해서 독특한 문화 집단인 아슈케나지Ashkenazi가 되었다. 이들은 처음에는 현재의 독일 지역에 있는 라인강을 끼고 살았지만, 서기 1세기에 아슈케나지 사람들과 문화는 라인강변에서 프랑스로 퍼졌고, 그곳에서 다시 동쪽으로 폴란드, 리투아니아, 러시아로 퍼졌다.

차르 치하의 러시아는 유대인을 지극히 모욕적으로 다루었다. 독단적인 법으로 그들의 재산권뿐 아니라 신분까지 박탈했고, 유대인은 국경 근처에 마련된 특정한 지역에서만 살아가야 했다. 정착 구역Pale of Settlement도 그런 곳 중 하나였다. 아슈케나지 유대인 총인구의 거의 절반인 약 500만 명이 살던 집단 거주 지역이었다. 현재의 리투아니아, 폴란드, 우크라이나의 일부도 여기에 포함되어 있었다. 정착 구역의 삶은 야만적이고 억압적일 때가 많았지만, 그래도 주민들은 공통의 언어인 이디시어를 쓰는 공통의 문화를 구축했다. 정착 구역의 유대인은 세계의 다른 지역들로 이주할 때 이 공통의 문화와 언어도 가져갔다.

정착 구역의 많은 유대인은 하시디즘Hasidism('경건함'이라는 뜻) 운동에 영향을 받았다. 18세기 우크라이나의 영향력 있는 랍비 이스라엘 벤 엘리저Israel ben Eliezer가 이끈 운동인데, 그는 바알 셈 토브Ba'al Shem Tov, 즉 선한 이름의 주인이라고도 불렸다. 바알 셈 토브는 신비주의자였고, 그의 신비주의적 가르침은 기적과 신의 개입이 존재하고, 세상 만물에 신이 깃들어 있고, 신이 기쁨과 즐거움을 창조했다는 믿음을 강조했다.[4] 하시디즘은 유대 사상에서 신비적이고 역사적인 성향을 강조한 이야기들을 퍼뜨렸고, 삶을 직관적으로 바라보는 관점을 취했기에 종종 '책을 통한 학습'에 의구심을 드러내곤 했다. 이런 하시디즘 운동에 반발해서 18세기에 미스나그딤Misnagdim('반대자들'이라는 뜻)이라는 반대 집단이 출현했다. 빌나의 가온Ga'on of Vilna이라고도 하는 랍비 엘리야 벤 솔로몬Elijah ben Solomon이 이끈 미스나그딤은 학문

을 강조하고 하시디즘 유대인의 신비주의를 반대했다.[5] 조너선 윌
슨Jonathan Wilson의 말에 따르면, 그럼에도 1950년대까지도 하시디즘 공
동체는 부적, 마법의 촛대, 랍비의 공중 부양 등 기적처럼 여겨지는
것들의 이야기를 계속 설파했다고 한다.[6]

19세기 유대인 화가들과 파리화파

디아스포라 시기에 찔끔찔끔 이미지들이 만들어지곤 했지만, 이름
을 떨친 유대인 화가가 출현한 것은 19세기가 되어서였다. 그전까
지 유대인을 억압하고 착취했던 일부 유럽 국가들이 여행 금지 같
은 규제를 완화하기 시작하면서였다. 새롭게 이동성을 얻게 되자 유
대인들은 이전까지 닫혀 있던 다양한 분야들에서 일할 수 있게 되
었고, 그 결과 상당히 많은 유대인 화가들이 등장했다. 그들 중 일부
는 이윽고 19세기 말에 인정을 받기 시작했다. 독일 화가 모리츠 오
펜하임Moritz Oppenheim(1800~1882)은 대개 최초의 현대 유대인 화가라고
평가된다. 네덜란드 미술가 요제프 이스라엘스Jozef Israels(1824~1911),
프랑스 인상파 및 후기 인상파 화가 자코브 아브라함 카미유 피
사로Jacob Abraham Camille Pissarro(1830~1903), 독일 화가 막스 리버만Max
Liebermann(1847~1935)이 그 뒤를 이었는데, 모두 서로 교류없이 독자적
으로 활동했다.

유대인 화가들의 '화파'가 출현한 것은 20세기에 들어서였다. 약
1910년에서 1920년 사이였는데, 그들은 주로 파리에 터를 잡았고,

상당수는 정착 구역 출신의 아슈케나지 유대인이었다. 정착 구역 출신의 화가는 약 200명에 달했다. 마르크 샤갈Marc Chagall(1887~1985), 생 수틴(1893~1943), 미셸 키코인(1892~1968), 줄스 파스킨(1885~1930)도 그러했고, 그들 중 상당수는 파리에 정착했다. 더 뒤에는 이탈리아에서 온 아메데오 모딜리아니(1884~1920) 같은 이들도 합류했다. 파리에 온 이 유대인 화가 중 상당수는 몽마르트와 몽파르나스에 자리를 잡았고, 서로 교류하면서 영향을 미쳤다. 이윽고 머지않아 파리화파École de Paris가 출현했다. 파리에 살면서 작품 활동을 한 유대인 예술가들이 참여한 주요 유파였다. 그러나 그들은 프랑스인이 아니었고 따라서 프랑스화파École Française라는 더 넓은 범주에 포함될 수 없었다. 아니면 소속되는 것을 좋아하지 않았을 수도 있다.

시간이 흐르면서 파리화파를 정의하는 특징이 몇 가지 생겨났다. 가장 중요한 점은 구상 미술, 특히 얼굴에 초점을 맞추고 공감과 감정이입이 드러나는 형태로 그리는 경향이 있었다는 것이다. 그래서 당시 파리에 살던 저명한 미술 평론가 월데마르 조르주Waldemar-George는 이들의 미술을 신인본주의New Humanism라고 했다. 이 화풍은 표현주의와 많은 공통점이 있었다. 표현주의는 오스트리아와 독일에서 탄생했고, 프랑스에는 전파되지 않았다.

파리화파가 구상 초상화에 집중한 것은 이 집단의 다른 공통 특징에서 비롯되었다. 바로 이들이 1905~1912년에 출현한 회화의 발전들에 영향을 받긴 했지만, 받아들이지는 않았다는 점이다. 이를테면 이들은 대담한 색채를 강조한 야수파가 되지도 않았고, 다면적인 시점을 탐구한 입체파가 되지도 않았다. 그렇다고 해서 파리화파의 인본주의적 특성이 이들을 획일화했다는 말은 아니다. 이들의 작품은 서로 전혀 다른 형태를 취하곤 했고, 서로 전혀 다른 샤갈과 수틴의 작품들이 대표적일 것이다.

샤갈과 대비되는 수틴

파리화파의 모든 화가들 중에 아마 샤갈이야말로 가장 전형적인 유대인이었다고 할 수 있을 것이다. 그는 하시드 유대교와 하시드 민간 설화의 즐겁고 서민적이고 마법 같은 정신을 작품에 고스란히 담았다.[7] 샤갈의 창의적인 작품 중 상당수는 현재의 벨라루스에 속한 자신의 고향 마을인 비테브스크의 낭만적이고 신비적인 생활을 하나의 긴 몽상 형태로 묘사한 것이다(그림 2.1).

2.1 마르크 샤갈, 〈바이올린 연주자The Violinist(Fiddler)〉(1912~13). 리넨에 유채.

2.2 마르크 샤갈, 〈도시 위에서Over the Town〉(1914~18). 캔버스에 유채.

하시드 설화에 담긴 기적 같은 사건들 중에는 동물들이 하늘을 나는 것도 있는데, 이런 광경은 샤갈의 작품에 자주 등장하며, 화가 자신이 날고 있는 모습도 보이곤 한다(그림 2.2).[8] 사실 샤갈을 묘사할 때 루프트멘슈Luftmensch라는 단어가 종종 쓰이는데, 허공을 걷거나 마음이 딴 세상에 가 있는 사람을 의미한다.

반면에 수틴은 일상생활의 실존주의적 불안에 초점을 맞추었다. 하시디즘보다 미스나그딤의 합리적인 접근법에 더 가까운 특징을 지닌 관점이다. 수틴은 현재 벨라루스에 속한 스밀로비치라는 작은 마을(유대인 정착촌)에서 태어났는데, 샤갈처럼 그의 집안도 하시드파에 속했고, 둘 다 바알 셈 토브의 가르침에 깊이 영향을 받은 세상에서 살았다. 그러나 스밀로비치 주민들은 샤갈이 자란 비테브스크의 주민들과 전혀 다른 믿음을 지니고 있었다. 카발라로부터 취한 가르침도 전혀 달랐다. 스밀로비치에 인접한 카메네츠 마을에 살았던 예케즈켈 코티크^{Yekhezkel Kotik}(1847~1921)는 회고록《19세기 유대 정착촌으로의 여행^{Journey to a Nineteenth-Century Shtetl}》에서 이런 믿음 중 일부를 기술했다.⁹ 예를 들어, 세상을 떠난 사람의 시신을 무덤에 안치할 때, 영혼의 관리자인 천사 두마^{Angel Dumah}(침묵의 천사라고도 한다)가 나타나서 시신에서 나오고 있는 영혼에게 이렇게 묻는다. "네 [히브리어] 이름이 무엇이냐?" 죽음을 맞이한 충격에 영혼은 기억 상실증에 걸린 상태인데, 자신의 이름을 떠올리면 시신에서 영혼이 더 잘 빠져나올 수 있다. 일단 분리가 이루어지면, 영혼은 존속한다. 그러나 죽은 사람이 자신의 이름을 떠올리지 못한다면, 천사 두마는 죽은 사람이 사악했고 자신이 누구인지 잊었다는 증거로 받아들인다. 두마는 시신을 갈라서 창자를 꺼내 죽은 이의 얼굴에 던진다. 그런 뒤 달구어진 쇠막대로 시신을 내리쳐서 산산조각낸다.

코티크는 이렇게 썼다. "우리 마을 같은 곳에서는 죽은 이를 따라 무덤까지 가는 것이 신성한 의무였다. 마을 주민 모두가 장례식에 참석했다 (…) 나는 뼛속까지 느껴지던 두려움을 지금도 생생하게 기억한다. 시신 주위에 떠다니는 사악한 영혼들에 모두가 죽음의 공포를 느꼈다. 모두 죽은 이가 끔찍한 곤경에 처했다고 생각했고, 자기 자신의 결말도 다르지 않을 것임을 모두가 알았다."¹⁰ 수틴은 이런 장례식에 푹 빠졌던 듯하며, 동네 아이들과 함께 가짜 장례식을 열기도 했다고 한다. 이 소문이 사실인지는 확인할 수 없다. 수틴은 자신에 관한 이야기를 결코 글로 쓴 적이 없기 때문이다. 우리가 그나마 알고 있는 수틴의 어린시절 일화는 친구들과 동료들이 전한 것들뿐이다. 반면에 샤갈은 자신의 삶을 상세히 글로 적었고, 자녀들과 손주들을 통해서도 상세히 알려졌다.

수틴은 재봉사보다 한 단계 낮은 직업인 가난한 옷 수선공의 자녀 열한 명 중 열 번째로 태어났다. 훗날 그는 어릴 때 침실 벽에 햇빛이 비칠 때 다양한 색깔이 펼쳐지는 것을 보면서 푹 빠져들었다고 회상했다. 수틴은 일찍부터 그림을 그리기 시작했지만, 부모는 그에게 그만두라고 종용했고 형들은 유대인은 그림을 그려서는 안 된다고 그를 꾸짖었고 때로 때리기까지 했다. 그래도 굴하지 않고 수틴은 그림을 계속 그렸고, 종종 언급되는 한 이야기에 따르면 스밀로비치 랍비의 초상화도 그렸다고 한다.[11] 또 전해지는 이야기에 따르면, 랍비의 아들은 푸주한이었는데, 제2계명을 어겼다고 수틴에게 매질을 했고, 심지어 수틴의 허벅지를 칼로 찌르기까지 했다고 한다.[12] 다친 수틴은 2주 동안 누워 있어야 했고, 평소에 온화했던 그의 어머니는 격분해서 랍비의 아들에게 고소하겠다고 협박했다. 어머니는 결국 25루블을 배상금으로 받는 것으로 합의했고, 수틴은 그 돈으로 16세에 미술 공부를 하러 스밀로비치를 떠났다.

수틴은 처음에 민스크로 갔다가 빌나로 향했다. 빌나에서 예술학교를 다니다가, 1913년에 파리로 갔다. 그는 공립 예술학교École des Beaux-Arts에서 페르낭 코르몽Fernand Cormon(1845~1924)에게 배웠다. 코르몽은 반 고흐도 가르친 적이 있으며, 섬뜩한 죽음의 장면을 잘 그렸다(그림 2.3). 1916년 수틴은 몽파르나스에 정착해서 20세기에 가장 세상을 떠들썩하게 만들 표현주의 작품들을 내놓기 시작했다. 신경 문제로 고통스러워하는 사람의 초상화, 의인화한 정물화, 격변을 맞은 세상을 담은 풍경화였다. 이 시기 수틴의 작품들은 분명히 계획하지

2.3 페르낭 코르몽, 〈후궁에서의 살인Murder in the Serail〉(1874). 캔버스에 유채.

않고 그린 것들, 마치 그냥 '우연히 이루어진' 양 보인다.

앤드루 포지Andrew Forge는 이렇게 썼다. "파리에 도착하자 벌어진 흥미로운 일은 수틴이 단 한 순간도 주저하지 않은 듯하다는 것이다. (⋯) 그의 상상 속에서 가장 두드러진 특징이 이미 스스로를 선포하고 나선 상태였다. 그의 정물화에서 살아 있는 듯한, 거의 의인화한 포크 그림은 그 자신의 열정적이고 약간 음산한 성격을 반영하는 듯하다"(그림 2.4).[13] 포지는 이렇게 덧붙였다. "당시 회화가 다양한 방향으로 뻗어나가고 있었고—그가 어울리던 화가들 자체도—그가 어쩔 수 없이 겪어야 했을 어려움과 불안을 생각하면, 이 점은 놀랍기 그지없다. 그러나 그는 이런저런 실험을 해보거나 생각이 흔들린 적이 없는 듯하다."[14] 대신에 수틴은 당대의 가장 독특하면서 독창적인

2.4 생 수틴, 〈레몬이 있는 정물화 Still Life with Lemons〉(1916년경). 캔버스에 유채.

화가 중 한 명으로 떠올랐다. 그림의 주관성을 유례없는 수준까지 밀어붙인 극단적인 작품을 내놓는 화가였다.

수틴은 처음부터 현실을 유달리 극도로 왜곡했고, 풍경화에서 불확실성을 그리고 초상화에서 고통스러움을 표현했다. H. W. 잰슨ᴴ· ᵂ· ᴶᵃⁿˢᵒⁿ은 《서양미술사 History of Art》에서 이렇게 썼다. "20세기 화가들 중에 진정한 괴로움을 시각 형태로 전환하는 능력 면에서 수틴을 따라올 사람은 아무도 없다."[15] 샤갈과 달리, 수틴은 작품에서 유대인의 삶을 노골적으로 드러낸 사례가 거의 없다. 게다가 샤갈과 달리 유대 사상의 신비주의와 마법을 묘사한 경우도 전혀 없었다. 대신에 수틴은 유대 이념 스펙트럼의 정반대쪽 끝에서부터 미술에 접근했다. 유럽에서 유대인의 존재 자체를 특징짓고 20세기 초에 특히 더 명백해지고 있던 근본적인 불확실성과 존재론적 불안에 집착했다. 그럼으로써 그는 유대인 정착촌에서의 삶, 사랑, 혼인이라는 샤갈의 낭만적인 환상과 정반대로, 디아스포라 상태에서 유대인이 겪는 비극, 고독, 암울한 불안에 천착했다.[16]

이 불안에 시달리는 존재론적 특성은 아슈케나지 유대인의 언어인 이디시어에 잘 드러난다. 히브리어와 중세 독일어에 뿌리를 두고서 디아스포라를 통해 접한 다양한 언어들이 섞인 이디시어는 극심한 고난의 시기에 형성되었다. 20세기의 저명한 유대 신학자인 아브라함 조슈아 헤셸Abraham Joshua Heschel은 이디시어를 이렇게 설명한다.

동유럽 유대인은 나름의 언어인 이디시어를 만들었다. 이디시어는 성경의 엄청난 복잡성을 설명하고 단순화함으로써 이해할 수 있게 만들려는 의지의 산물이었다. 그리하여 마치 자연발생한 양, 감정을 직접적으로 표현하는 모국어가 생겨났다. 의례나 기교 없는 말하기 방식, 우회적으로 비비 꼬지 않으면서 직설적으로 말하는 언어, 모성적 친밀감과 따뜻함을 지닌 언어다. 이 언어에서는 '아름다움'을 '영성'이라는 의미로 말하고, '친절'을 '거룩함'이라는 뜻으로 말할 수 있다. 이토록 단순하면서 직설적으로 말할 수 있는 언어는 거의 없다. 이토록 거짓말을 하기가 어려운 언어도 찾아보기 어렵다. 랍비 브라츨라프의 나흐만Nahman of Bratslav이 때때로 이디시어로 자신의 심경을 쏟아내고 신에게 갈망을 토로하는 것도 놀랍지 않다. 유대인은 흩어진 뒤로 많은 언어를 써왔지만, '유대어'라고 부른 것은 이것뿐이다.

이디시어는 때로 위태로운 상황에 놓이곤 하면서 살아남기 위해 끊임없이 애쓰던 사람들에게서 나왔기에, 불평불만을 자유롭게 제대로 표현할 수 있는 언어이기도 하다. 헤셸은 아슈케나지 유대인이 고난에 어떻게 반응하는지를 이렇게 표현했다. "슬픔은 그들의 두 번째 영혼이었고 그들의 마음을 표현하는 어휘는 한 단어로 이루어져 있었다. 오이♡!" 기쁨, 슬픔, 열정의 혼합물인 이 말은 수틴의 모든 작품에서 튀어나오는 외침이다. 많은 이디시 문학의 특징인 감정의 분출을 연상시키는 열정의 흐름이다.[17]

동물 사체를 그리다

화가 생활 초기에 수틴은 녹아내리고 썩어가는 동물 사체들을 깊이 살펴본 인상적인 작품들을 그렸다. 이런 그림들은 개인적인 괴로움과 유대 문화의 불안을, 더 나아가 인간 존재의 무의미함을 표현한다. 수틴이 왜 죽은 동물에 몰두했는지는 확실히 알기 어렵지만, 단서는 많다. 우선 수틴의 고향인 스밀로비치의 주민들은 죽음과 죽어감에 집착했다. 또 수틴이 랍비의 아들(푸주한이었을 것이다)에게 얻어맞고 아마도 찔린 경험도 한몫했을 것이다. 수틴의 스승인 페르낭 코르몽도 시신에 푹 빠져 있었다. 수틴 자신은 제대로 먹지 못하는 날이 많았기에 평생 만성 위창자 질환에 시달렸고, 결국 그 병으로 사망했다.

수틴의 전기에서 나온 이런 단서들 외에, 미술사적 증거도 있다.

예를 들어, 수틴은 렘브란트의 시신 그림들에 탄복했다고 알려져 있고, 파리화파의 화가들 중에 그 혼자만 그런 것도 아니었다. 샤갈, 모딜리아니, 키코인도 초상화를 연구할 때 마찬가지로 렘브란트의 그림에 감탄했다. 렘브란트가 위대한 초상화가였을 뿐 아니라—그는 젊은 시절부터 노년에 이르기까지 의연하게 계속 자화상을 그린 대담한 인물이었다—유대인 모델을 그리고 유대 문화에서 영감을 얻은 화가이기도 했기 때문이다. 사실 렘브란트를 비롯한 17세기 네덜란드 화가들은 기본적으로 공감하는 자세로 유대 문화와의 상호작용을 묘사했다. 사실 스페인이 그랬듯이 네덜란드 사회도 전반적으로 유대인을 악마화하는 대신에 인정했고, 유대인을 흥미롭고 가치 있는 국외자라고 여겼다.[18]

그러나 수틴은 파리화파의 다른 이들보다도 더 렘브란트와 개인적인 친밀감을 느꼈다. 한 예로, 그의 〈도축된 소 Flayed Beef〉는 렘브란트의 〈도살된 소 The Slaughtered Ox〉(그림 2.5)에 바치는 헌사로서 그린 것이 분명하다. 수틴은 루브르 미술관에서 그 그림을 보았을 것이다. 렘브란트의 그림에서 소는 머리와 가죽이 제거되고, 공기가 들어가 건조될 수 있도록 가슴을 벌려서 집게로 고정한 모습이다. 소 사체는 꼼꼼하게 펼쳐서 마치 십자가에 걸린 양 걸어놓은 형태다.[19] 〈도축된 소〉(그림 2.6)에서 수틴은 렘브란트를 넘어서 더욱 마음을 심란하게 만드는 고난을 묘사한다. 렘브란트의 그림에서는 우리가 소를 옆에서 보지만, 〈도축된 소〉에서는 펼쳐진 사체를 정면에서 보며, 렘브란트의 소와 달리 수틴의 소는 피범벅이다. 이 그림을 그리기 위해서 수틴은 실제로 화실에 거대한 소 사체를 걸어놓고, 주기적으

2.5   렘브란트 판레인Rembrandt Van Rijn, 〈도살된 소〉
(1655). 나무판에 유채.

로 피를 뿌림으로써 색깔과 질감을 유지했다. 그래서 정적으로 보이
는—정육점의 살코기에 더 가까운—렘브란트의 〈도살된 소〉와 대
조적으로, 수틴의 사체는 우리 눈앞에서 괴롭게 죽음을 맞이하고 있
는 것처럼 보인다.

수틴의 작품은 모두 자연의 세밀한 관찰에 토대를 두었지만, 그
럼에도 투박한 방식으로 그려졌다. 먼저 밑그림 같은 것을 아예 그
리지 않은 채, 수틴은 물감 튜브를 그냥 캔버스에 대고 눌러서 물감

2.6   생 수틴, 〈도축된 소〉(1924년경). 캔버스에 유채.

을 뿜은 뒤, 빨간색과 금색이 폭발한 양 칠했다. 그럼으로써 마이클

로건Michael Rogan의 표현을 빌리자면, "덧없는 생명의 넘치는 물질"을

가두었다. 이 기법은 우리에게 소의 공포를 충분히 노출시키면서 삶

과 죽음의 수수께끼를 직시하게 한다. 수틴이 두껍게 칠한 물감이

피와 진흙을 섞어놓은 것처럼 보이기 때문에, 이 작품은 더욱더 강

렬하게 와 닿는다.[20] 렘브란트가 도축된 소의 옆모습을 두 점만 그린

반면, 수틴은 1920년부터 1925년까지 도축된 소 연작을 그렸다. 게

2.7　생 수틴, 〈도축된 토끼Flayed Rabbit〉(1921년경). 캔버스에
유채.

다가 그는 다른 다양한 동물 사체들도 살펴보았다. 마찬가지로 십자
가에 걸린 사람처럼 보이게 걸어놓은 토끼도 있고(그림 2.7), 창자가
늘어져서 매달린 홍어, 공중에 매달린 새 그림도 있다.

　죽음과 죽어감에 몰두하는 수틴의 태도가 정신분석학적 관점에
서 볼 때는 거의 지나친 감이 있겠지만, 그 배경에는 하나로 수렴되
는 여러 가지 이유들이 있다. 수틴의 친구인 프랑스 미술사학자 엘
리 포르Élie Faure는 썩어가는 동물의 살을 묘사하는 데 집착하는 수틴
의 태도가 순교의 비극적인 의미, 죽음과 부패라는 거역할 수 없는

과정과 삶의 암울한 전망을 전달한다고 주장했다. 또는 잰슨이 〈죽은 닭Dead Fowl〉 그림을 논의하면서 지적했듯이, 이 새는 죽음의 끔찍한 상징이 된다.[21] 털이 뽑힌 닭의 유백색 몸을 보고 있으면, 이 몸이 사람의 형상과 너무나도 닮았다는 사실을 갑작스럽게 깨달으면서 소름이 돋는다. 수틴과 렘브란트의 도축된 소들, 그리고 수틴의 토끼가 십자가에 매달린 예수를 닮았다는 사실을 깨달을 때 소름이 돋는 것과 마찬가지다.

피범벅된 사체를 이렇게나 많이 접하다 보면, 수틴이 살던 격동의 시대가 그에게 과연 어떤 영향을 미쳤는지 궁금해질 수밖에 없다. 제1차 세계대전 때 그는 자기 세대의 사람들이 인류 역사상 가장 큰 인명 피해를 입힌 것으로 드러난 전쟁에서 싸우고 죽는 모습을 목격했다. 사상자가 약 3,750만 명에 달했다. 그리고 일찍이 1920~1930년대에, 무솔리니, 히틀러, 스탈린, 프랑코 같은 독재자가 중앙 무대로 진출하기 시작하고 있을 때, 이미 그는 생명 전반, 특히 유대인의 생명이 전체주의 세계에서 모든 의미를 상실할 위험에 처하리라는 전조를 보았을 수도 있다. 나치의 침략으로 어쩔 수 없이 파리를 떠난 뒤, 수틴은 프랑스의 시골 마을들을 전전하면서 몇 년을 보냈다. 이 시기에 궤양이 악화되었고, 1943년 그는 응급 수술을 받으러 파리로 돌아왔다. 그는 궤양이 심해져 창자에 구멍이 나는 바람에 그해에 50세를 일기로 사망했다.

흥미롭게도, 앞서 말했듯이 수틴과 더할 나위 없을 만치 전혀 다른 성격이었던 샤갈도 홀로코스트를 돌아볼 때에는 수틴과 다소 비슷한 견해를 드러냈다. 1908년 화가 생활 초기에—수틴이 아직 등장하기 전—샤갈은 십자가에 못박힌 예수의 잉크 드로잉을 한 점 그렸다. 그는 1912년에 두 차례 이 주제로 다시 돌아왔다. 〈갈보리 언덕Calvary〉에서는 입체파를 떠올리게 하는 프리즘처럼 쪼개진 면들을 통해 예수의 모습을 묘사했고, 〈골고다Golgotha〉에서도 이 주제를 그렸다(두 작품 모두 현재 뉴욕 현대미술관에 있다). 이 작품들은 샤갈이 가톨릭 도상학에 관심이 있었음을 보여주며, 이 관심은 비테브스크의 학창시절로 거슬러 올라간다(모친이 그를 공립 고등학교로 보냈을 때, 가톨릭인 급우들이 있었고 그는 그들을 통해 가톨릭을 접했다).

수정의 밤Kristallnacht—1938년 11월 9일 밤 나치 군대가 유대인들을 습격하기 시작한 날—을 겪은 뒤 샤갈은 〈하얀 십자가White Crucifixion〉(그림 2.8)를 그렸다. 샤갈은 이 주제를 다룬 더 이전의 작품들에서처럼 예수를 유대인으로 묘사했다. 유대인이 기도할 때 어깨에 걸치는 옷인 탈리트tallit가 사타구니를 가린 모습이었다. 또 그는 역

2.8　마르크 샤갈, 〈하얀 십자가〉(1938). 캔버스에 유채.

2.9   마르크 샤갈, 〈도축된 소〉
(1947). 캔버스에 유채.

사적으로 유대인이 받은 박해의 상징들을 예수의 주위에 배치했다. 그래서 유대인뿐 아니라 나치 치하에서 고통을 받는 모든 이들을 인정하고 기리도록 했다. 수전 투마킨 굿먼Susan Tumarkin Goodman은 샤갈이 "유럽 유대인의 절멸에 자신이 겪은 심오한 고통을 전달할 수 있는 가장 강력한 이미지가 달리 또 없다고 믿었다"고 본다.[22] 굿먼은 또 샤갈이 유대 민족의 고난을 예수의 순교와 등치시킴으로써 자신의 십자가 예수 그림이 기독교인들의 심금도 울리기를 바랐다고 덧붙인다. 샤갈은 1938~1947년에 십자가에 못박힌 예수 그림을 몇 점 그렸고, 〈도축된 소The Flayed Ox〉(그림 2.9)도 그렸다. 렘브란트뿐 아니라 수틴에게 영향을 받은 것이 분명한 작품이다.

수틴의 일그러진 초상화

다른 표현주의 화가들처럼, 수틴도 왜곡을 이용해서 모델의 심리를 들여다볼 수 있도록 했다. 그러나 불편할 만치 왜곡의 정도가 더 심했다. 그의 초상화는 우리의 시각 뇌뿐 아니라, 뒤에서 살펴보겠지만 우리의 정서 뇌도 자극한다. 특히 뇌 깊숙한 곳에 있으면서, 공포와 불안을 비롯한 우리의 감정을 조율하는 영역인 편도체amygdala를 자극한다. 수틴이 1928년에 그린 마들렌 카스탱Madeleine Castaing의 초상화는 이를 잘 보여주는 사례다(그림 2.10). 마들렌과 남편인 마르셀

2.10   생 수틴, 〈마들렌 카스탱〉(1929). 캔버스에 유채.

랭^{Marcellin}은 수틴의 가장 중요한 후원자들이었고, 특히 그녀는 수틴의 작품 활동과 파리화파 전체에 지적으로 중요한 지원을 했다. 수틴은 마들렌의 부, 세련미, 우아함을 특히 머리 모양과 검은 모피 외투를 통해 잘 포착했지만, 또 일그러진 얼굴을 통해 그녀의 취약성과 손 움직임에서 뚜렷이 드러나는 신경과민도 고스란히 드러냈다. 사실 이 수수께끼 같은 초상화의 거역할 수 없는 아름다움은 어느 정도는 이 왜곡에서 나온다. 손의 유연함과 정신의 명민함을 동시에 전달한다.

여기서 우리는 수틴 초상화들에 공통된 한 가지 특징을 본다. 바로 사람의 얼굴을 일관되게 비대칭적으로 묘사한다는 점이다. 심리학자 데이비드 퍼렛^{David Perrett}의 연구에 비춰볼 때, 이 점은 특히 흥미로워진다. 그는 어느 문화에서든 간에 남녀 모두 실제로 대칭적인 얼굴을 선호한다는 것을 보여주었다. 퍼렛은 많은 이들에게 대칭이 건강한 유전자와 좋은 생식 능력을 반영하는 것으로 받아들여진다고 주장한다.[23] 수틴은 감상자에게서 원하는 반응을 환기시키기 위해서 그런 원초적인 감정들을 건드리려고 시도했다. 그는 많은 미술 형식이 우리의 호기심을 불러일으키고 뇌에 흡족한 감정 반응을 일으키도록 고안된 의도적인 과장, 허풍, 왜곡을 수반하기 때문에 성공한다는 것을 암묵적으로 이해한 듯하다.

그러나 사실적인 묘사에서 벗어난 그런 일탈이 효과가 있으려면, 임의로 왜곡해서는 안 된다. 감정을 해방시키는 타고난 뇌 메커니즘을 건드리는 데 성공해야 한다. 여기서 행동심리학자들과 동물 행동학자들이 과장의 중요성을 발견한 연구가 떠오를 것이다. 그 발견은 완전한 행동을 유발할 수 있는 단순한 신호 자극을 찾아내고 그 자극을 어떻게 과장했을 때 더욱 강한 행동이 촉발되는지를 탐구하는 토대가 되었다. 인지심리학자 빌라야누르 라마찬드란[Vilayanur Ramachandran]은 이런 과장된 신호 자극을 '정점 이동 원리[peak shift principle]'라고 했다.[24] 이 개념에 따르면, 화가는 개인의 본질을 포착할 뿐 아니라 적절한 과장을 통해 그것을 증폭하려고, 그럼으로써 실제 현실에서 그 사람을 통해 촉발되었을 바로 그 신경 메커니즘을 더욱 강하게 활성화하려고 시도한다. 라마찬드란은 한 이미지의 핵심 특징을 추출하고 중복되거나 중요하지 않은 정보는 버리는 미술가의 능력이 시각계, 특히 이미지를 담당하는 시각 경로의 다양한 영역들이 하도록 진화한 방식과 비슷하다는 점을 강조한다. 즉 미술가는 모든 얼굴의 평균을 취하고, 모델의 얼굴에서 이 평균을 뺀 다음, 그 차이를 증폭함으로써 과장된 신호 자극을 무의식적으로 제공한다.

정점 이동 원리는 형태뿐 아니라 깊이와 색깔에도 적용된다. 우리는 수틴의 작품에서 원근법 부재를 통해 깊이감이 과장되고, 그가 묘사하는 얼굴의 색깔이 증폭되어 있는 것을 명확히 알아볼 수 있다. 게다가 반 고흐의 선례를 따라서, 수틴은 자신이 그린 얼굴의 질감 속성을 과장함으로써 이 원리를 직관적으로 이해하고 있었음을 드러낸다.[25] 심지어 우리는 수틴의 자화상에서도 왜곡을 본다(그림 2.11). 이마의 곳곳을 배경과 일치하는 색깔로 칠함으로써, 그는 마치 이 만남의 상황에서 어떻게 해야 할지 모르겠다는 양 우리를 마주보고 있다. 이는 벨라스케스[Velázquez]가 〈시녀들[Las Meninas]〉에서 세운 전통, 즉 자신이 미술 창작자로서 중추적인 역할을 한다고 선언한 전통 속

2.11 생 수틴, 〈자화상 Self-
Portrait〉(1918년경).
캔버스에 유채.

의 자신만만한 화가가 아니다.

수틴의 〈한 남자의 초상 Portrait of a Man〉(1922)에서는 더욱 심한 왜곡
이 뚜렷이 보인다. 친구인 화가 에밀 르죈 Emile Lejeune을 그린 것이다(그
림 2.12). 수틴은 이런 왜곡을 통해서 르죈이라는 복잡한 인물의 여
러 측면들을 전달한다. 양쪽 눈썹, 눈, 콧구멍의 차이들에서 뚜렷이
드러난다. 수틴은 그가 많은 부위로 이루어진 남자라고 주장한다.
1919년에 그린 〈제과제빵사 The Pastry Chef(Baker Boy)〉에서도 마찬가지다(그
림 2.13). 수틴이 거래하는 미술상인 폴 기욤 Paul Guillaume은 이 작품을
이렇게 묘사했다. "놀랍고, 매혹적이고, 진정으로 반항적인 제과제빵
사로서, 한쪽 귀가 아주 크고 빼어나며, 너무나 의외이면서 딱 들어
맞는다. 걸작이다. 구입했다." 〈제과제빵사〉에서 왜곡은 움직임과 긴

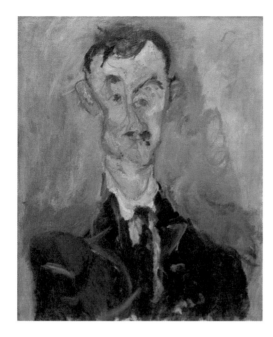

2.12 생 수틴, 〈한 남자의 초상(에밀 르쥔)〉(1922~23년경). 캔버스에 유채.

장, 애니미즘을 전달한다. 즉 어떤 일이 일어났으며 어떤 일이 일어날지를 암시한다. 그리고 기욤이 적었듯이, 〈제과제빵사〉는 수틴의 이름을 알린 첫 초상화이기도 했다. "의사 반스^{Albert C. Barnes}가 내 사무실에서 그것을 보고는 소리쳤다. '훌륭해.'" 20세기의 가장 유명한 미술품 수집가 중 한 명인 반스가 〈제과제빵사〉를 보는 순간 저절로 터져나온 감탄사는 그 화가의 운명을 영구히 바꾸었다. 이윽고 반스는 수틴의 작품을 60점 구입함으로써, "하룻밤 사이에 그를 미술 애호가들이 찾는 유명 화가로 변모시켰다."[26]

2.13 생 수틴, 〈제과제빵사〉
(1919년경). 캔버스에
유채.

매혹하는 얼굴들

수틴을 비롯한 파리화파의 유대인 화가들은 왜 그렇게 초상화에 몰
두했을까? 특히 얼굴에? 선배 미술가들처럼 그들도 얼굴이 우리의
사회적 상호작용에서 핵심적인 역할을 한다는 것을 은연중에 깨달
았기 때문이다. 찰스 다윈이 지적했듯이, 우리는 얼굴을 통해 서로
를 알아볼 뿐 아니라, 얼굴 표정은 우정 맺기부터 짝 찾기, 계약하기
에 이르기까지 온갖 영역에서 우리 일차적인 사회적 신호 전달 체계
다. 사회적 동물로서 우리는 대체로 얼굴 표정을 통해서 생각과 계
획뿐 아니라 감정을 서로 전달한다. 매혹적으로 웃음으로써 상대를
끌어들이거나 위협적으로 쳐다봄으로써 상대를 거부할 수 있다.

우리 뇌는 얼굴을 다른 모든 대상과 다르게 취급한다. 복잡한 수학적·논리적 문제를 풀 수 있는 컴퓨터도 얼굴을 인식하는 데에는 상당히 어려움을 겪고 있지만, 사람의 뇌는 그 일을 유달리 잘한다. 게다가 우리는 얼굴의 선 그림도 쉽게 알아볼 수 있다. 사실 얼굴의 특징을 조금 과장하면 어떤 사람인지 알아차리기 더 쉬워진다. 뒤에서 살펴볼 텐데, 한 가지 이유는 사람의 뇌가 독특한 방식으로 얼굴을 처리하기 때문이다.

1930년대 초에 빈의 미술사학자 에른스트 크리스는 얼굴 표정의 과학적 분석에 관심을 갖게 되었다. 이 관심은 미술사와 정신분석의 통찰을 결합하려는 선구적인 시도로 이어졌다. 크리스는 과장된 얼굴 표정을 연구하기 시작했다. 곧 에른스트 곰브리치도 합류했고, 그들은 공동으로 캐리커처의 심리와 역사를 다룬 책을 썼다. 그들은 캐리커처의 역사를 얼굴 표정 읽기를 추구한 일련의 실험이라고 보았다.

모든 시대의 미술가들은 사람의 얼굴 표정이 풍부하다는 사실을 이해했다. 크리스와 곰브리치는 16세기 미술가들이 얼굴의 캐리커처—과장해서 그린 선화 같은—가 실제 얼굴보다 훨씬 더 알아보기 쉬울 때가 많다는 것을 발견했다고 주장했다. 미켈란젤로 같은 매너리즘 화가들은 이 깨달음을 활용했다. 함께 연구를 하면서 크리스와 곰브리치는 표현주의 미술을 얼굴과 몸을 묘사하는 관습적인 방식에 대한 반발이라고 보기 시작했다. 그들은 새로운 표현주의 양식이 두 전통의 융합에서 유래했다고 주장했다. 매너리즘 화가들로부터 전해진 고급 미술과 16세기 말 아고스티노 카라치^{Agostino Carracci}

가 도입한 캐리커처가 그것이다. 카라치는 왜곡과 과장을 써서 개인을 식별하는 특징들을 강조했다.

곰브리치와 크리스는 캐리커처의 역사를 생각할 때 그것이 왜 그렇게 늦게야 출현했는지 고심한 끝에, 그것의 출현 시기가 사회에서 미술가의 역할과 지위에 극적인 변화가 일어난 시기와 일치한다고 결론지었다. 16세기 말에 미술가들은 더 이상 현실을 재현하는 데 필요한 기법을 숙달하는 일에 매달릴 필요가 없어졌다. 그들은 더 이상 기술자가 아니었다. 그들은 나름의 현실을 창조할 수 있는, 시인에 필적하는 창작자가 되어 있었다. 이 변화는 표현주의 미술가들이 묘사되는 대상이나 사람을 단순히 반영하는 차원을 넘어서 화가의 의식적·무의식적 마음까지 비추는 작품을 만들려고 시도하면서 정점에 이르렀다.

얼굴 인식의 뇌과학

이 현상을 제대로 이해하려면, 뇌의 구조를 좀 알 필요가 있다(그림 2.14). 간단히 말하자면, 우리 뇌는 네 개의 엽으로 이루어져 있다. 이마엽, 마루엽, 뒤통수엽, 관자엽이다. 시각 정보는 먼저 뒤통수엽을 통해서 뇌로 들어오며, 얼굴 표상이 생기는 곳은 관자엽이다. 시각 정보는 우리 눈을 통해서 들어온다. 눈의 뒤쪽에는 망막이 있으며, 망막은 빛을 감지하는 세포들로 이루어진 층이다. 이 신경 세포들에서 길게 뻗어나온 축삭들이 다발을 이룬 것이 시신경이다. 시신경은

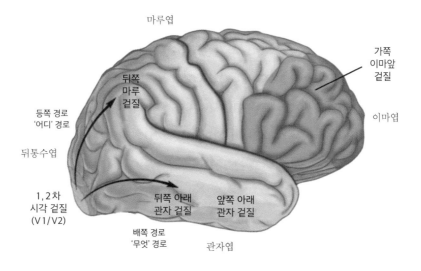

마루엽

가쪽
이마앞
겉질

뒤쪽
마루
겉질

이마엽

등쪽 경로
'어디' 경로

뒤통수엽

1, 2차
시각 겉질
(V1/V2)

뒤쪽 아래
관자 겉질

앞쪽 아래
관자 겉질

배쪽 경로
'무엇' 경로

관자엽

2.14   얼굴 표상에 관여하는 영역들. 1장의 그림 1.27을 다시 제시한다.

뇌의 가쪽 무릎핵까지 이어진다. 가쪽 무릎핵은 시신경에서 온 정보를 뇌 뒤쪽에 있는 시각 겉질로 전달한다. 이 정보는 몇 단계에 걸쳐서 처리되며, 다음 단계로 넘어갈수록 점점 더 복잡한 방식으로 처리된다.

과학자들은 얼굴을 알아보지 못하는 사람들의 뇌를 조사해서 얼굴 표상에 관한 많은 것을 알아냈다. 이 증상은 1883년 장 마르탱 샤르코Jean-Martin Charcot가 처음으로 알렸고, 1947년 요아힘 보다머가 현대적인 관점에서 파악하고 얼굴인식불능증이라는 이름을 붙였다. 이 장애는 아래 관자 겉질이 손상된 결과다. 선천적으로 손상될 수도 있고, 머리 부상이나 질병으로 일어날 수도 있다. 인구의 약 10퍼센트는 선천적으로 어느 정도 얼굴인식불능증을 지닌다.

아래 관자 겉질의 앞쪽이 손상된 사람은 얼굴을 얼굴이라고 알아볼 수는 있지만, 누구의 얼굴인지는 알아보지 못한다. 아래 관자 겉질의 뒤쪽이 손상된 사람은 아예 얼굴 자체를 볼 수 없다. 올리버 색스의 유명한 이야기 〈아내를 모자로 착각한 남자〉에서, 얼굴인식불능증이 있는 남자는 아내의 머리를 모자로 착각하는 바람에 아내의 머리를 집어서 자기 머리 위에 올려놓으려고 한다.

역설적이게도 얼굴인식불능증을 앓는 사람은 그렇지 않은 사람보다 뒤집힌 얼굴을 더 쉽게 알아볼 수 있다. 이는 우리 뇌에 똑바로 놓인 얼굴을 인지하는 전담 영역이 있음을 시사한다. 프린스턴대의 찰스 그로스, 더 뒤에 하버드대의 마거릿 리빙스턴, 도리스 차오, 윈리치 프라이월드는 마카크원숭이에게서 이 영역에 관한 몇 가지 중요한 발견을 했다. 뇌 영상과 개별 세포에서 나오는 전기 신호를 기록한 자료를 종합함으로써, 그들은 원숭이의 관자엽에서 얼굴에 반응하여 활성을 띠는 작은 영역들이 여섯 곳 있음을 알아냈다(1장, 그림 1.28). 연구진은 이 영역을 얼굴반이라고 했다. 얼굴반에 있는 세포에서 나오는 전기 신호를 기록했더니, 얼굴반마다 얼굴의 서로 다른 측면에 반응한다는 것이 드러났다. 정면 모습, 옆면 모습 등이었다. 연구진은 사람의 뇌에도 더 작긴 하지만 비슷한 얼굴반들이 있음을 알아냈다. 차오는 다른 동료와 함께 원숭이의 한 얼굴반에 있는 한 세포가 다른 원숭이의 사진에 강하게 반응하고, 과장해서 그린 만화 얼굴에는 더욱 강하게 반응한다는 것을 보여주었다(1장, 그림 1.29).[27] 이 세포는 온전한 얼굴에, 즉 원 안에 두 눈과 입 하나가 있는 그림에 반응한다. 반면에 이 특징들 중 하나 이상이 빠져 있을 때에는 반응하지 않을 것이다.

시각의 계산론적 모델Computer models of vision은 몇몇 얼굴 특징이 대비를 통해 정의됨을 시사한다.[28] 눈과 이마의 영역이 한 예다. 조명 조건에 상관없이, 눈은 이마보다 더 어두운 경향이 있다. 계산론적 모델은 그런 대비 특징contrast-defined feature들이 뇌에 신호를 보내 얼굴이 있음을 알린다고 주장한다. 오헤이온Ohayon, 프라이월드, 차오는 이 개념을 검증하고자 원숭이에게 얼굴 특징들의 명암 값을 각기 다르게 설정해서 인위적으로 조작한 얼굴들을 죽 보여주었다.[29] 그러면서 이 인위적인 얼굴에 반응하는 중앙 얼굴반에 든 각 세포의 활성을 기록했다. 그러자 세포가 얼굴 특징들 사이의 대비에 반응한다는 것이 드러났다. 게다가 대부분의 세포는 특정한 특징 쌍 사이의 대비에 맞추어져 있으며, 어느 한쪽 눈보다 코가 더 밝은지를 비교하는 세포들이 가장 많았다.

이런 선호 양상은 계산론적 시각 모델을 통해 예측한 결과와 일치한다. 그러나 원숭이와 계산론적 연구 결과는 양쪽 다 인위적인 얼굴을 사용해서 나온 결과이므로, 실제 얼굴에도 같은 결과가 나타날까 하는 의문이 당연히 제기된다. 오헤이온 연구진은 다양한 실제 얼굴의 이미지를 써서 세포들의 반응을 조사했다. 그러자 대비 특징의 수가 늘어날수록 세포가 더 강하게 반응했다. 구체적으로 세포는 대비 특징을 네 가지만 포함하는 실제 얼굴은 얼굴임을 인식하긴 하지만 최적 반응을 보이지는 않았다. 반면에 대비 특징을 여덟 가지 이상 포함한 얼굴에는 잘 반응했다.

차오와 프라이월드 연구진은 더 앞서서 얼굴반의 세포가 코와 눈 같은 몇몇 얼굴 특징들의 모양에 선택적으로 반응한다는 것을 발견한 바 있었다.[30] 오헤이온의 발견은 특정한 얼굴 특징에 대한 선호가 얼굴 다른 부위들의 상대적인 밝기에 의존한다는 것을 보여주었다. 중요한 점은 중앙 얼굴반에 있는 세포들의 대다수가 대비와 모양 양쪽에 반응한다는 것이다. 이 사실은 한 가지 중요한 결론으로 이어진다. 대비가 얼굴 검출에 유용하고 모양이 얼굴 인식에 유용하며, 이 두 가지가 수틴이 폭넓게 활용한 많은 특징들에 속한다는 사실이다.

이런 연구들은 뇌가 얼굴을 검출하는 데 쓰는 주형의 특성을 새롭게 규명했다. 행동 연구는 더 나아가 얼굴 검출 기구와 주의 통제 영역 사이에 강력한 연결 고리가 있음을 시사한다. 얼굴과 초상화가 왜 그렇게 강하게 우리의 주의를 끄는지를 그것으로 설명할 수 있을지도 모른다.

물감의 질감을 빚어내다

나는 수틴의 사체 그림과 초상화에 초점을 맞추었지만, 뒤틀리고 비틀린 그의 풍경화야말로 대개 그의 표현주의 양식이 완전히 개화한 가장 탁월한 작품들이라고 여겨진다. 그의 풍경화에 나오는 건물은 의인화된 양 보인다. 정적인 건축물 형태를 지니기보다는 소용돌이치고 있다. 또 형태 없는 소용돌이와 기이한 색깔 얼룩이 칠해진 거의 추상적인 형태를 띠는 작품들도 있으며, 그런 작품에서 형상들은

2.15   생 수틴, 〈집 Houses〉(1920~21년경). 캔버스에 유채.

정상일 때보다 더 길게 늘어난 듯하다(그림 2.15).

　수틴의 그림은 시각적 왜곡뿐 아니라 물감을 겹겹이 칠해서 농후하게 입체감을 조성한다는 점에서도 독특하다. 수틴은 썼던 캔버스를 재활용하는 경향이 있었다. 이미 풍성한 질감을 지닌 표면에 새 물감을 덧칠하는 것을 좋아했기 때문이다. 그는 질감이 작품의 표면에 마치 만져지는 듯한(촉감) 착시를 일으킨다는 것을 은연중에 이해하고 있었다. 수틴은 임파스토impasto 기법을 써서 이 착시를 일으켰다. 붓이나 칼로 물감을 두껍게 바르는 기법이다. 이 기법이 제대로 쓰일 때, 감상자는 실제로 물감의 질감을 느낄 수 있다. 수틴의 색채가 너무나 풍부하고 붓질이 너무나 힘찼기 때문에, 이미 질감 있는 표면에 임파스토 기법으로 물감을 두껍게 칠함으로써 그는 거의 역동적인 조각처럼 여겨질 만한 그림을 내놓을 수 있었다.

　이 조각 같은 특성을 더욱 강화하고자, 그는 물감을 두껍게 발라서 얕은 돋을새김 형태로 빚어냄으로써 감정을 표현했다. 최초의 표현주의 화가들인 반 고흐와 뭉크가 도입했고, 나중에 빈 표현주의 화가인 오스카어 코코슈카와 에곤 실레가 더 발전시킨 기법이다. 그러나 수틴은 거기에서 더 나아갔다. 그는 물감칼로 캔버스를 찌르고 맨손으로 물감을 문질러 넣었다. 또 바른 물감을 닦아내고 긁어내고 치대기도 했는데, 너무 힘을 주다가 캔버스에 구멍이 날 때도 있었다. 앞서 살펴보았듯, 수틴의 세계는 붕괴 직전에서 위태롭게 흔들리고 있었다. 그 결과 그는 그림에 비범한 촉감을 부여할 수 있었고, 이 촉지각을 강조하는 양상은 시간이 흐를수록 더욱 뚜렷해졌다.

촉각·시각·감정의 상호작용

그림에서 강력한 촉각 요소를 사용하면 감상자의 반응에 중요한 차원이 하나 추가된다. 버나드 베런슨Bernard Berenson은 처음으로 이 점을 강조한 미술사학자에 속한다. 《르네상스의 이탈리아 화가들The Florentine Painters of the Renaissance》에서 그는 "회화의 본질은 (…) 촉감의 의식을 자극하는 것이었다"라고, 따라서 실제 대상이 하는 것과 똑같이 우리의 촉각 상상에 호소하는 것이라고 주장했다. 베런슨은 더 나아가 형상—부피, 크기, 질감—이 우리 미적 즐거움의 주된 요소라고 말했다. 한 예로, 조토Giotto의 작품을 볼 때, 우리 시지각은 접촉, 압

력, 움켜쥠의 감각으로 번역된다. 그런 시지각은 생리와 심리의 통일, 마음과 몸의 통합 경험이다.[31]

지각은 시각만이 아니라 여러 감각을 포함한다. 감상자가 미술에 보이는 반응을 평가할 때, 미술사학자는 우리 감각들의 상호작용을, 특히 시각과 촉각뿐 아니라 적절할 때 미각이나 후각까지도 포함하는 상호작용을 조정하는 뇌의 능력을 과소평가하곤 한다. 뇌가 다양한 감각들을 따로따로 처리한다는 고전적인 견해는 최근 들어서 '메타모드metamodal' 뇌라는 새로운 개념으로 대체되고 있다. 뇌가 다중 감각 작업의 수행을 촉진하도록 구성되었다는 것이다.[32]

현대 뇌과학은 시각 정보 처리를 전담한다고 여겨지던 겉질의 몇몇 영역이 촉각을 통해서도 활성을 띤다는 것을 밝혀냈다. 그중에 가쪽 뒤통수 복합체lateral occipital complex는 특히 중요하다. 이 겉질 영역은 대상의 시각과 촉각 양쪽에 반응한다.[33] 대상의 질감은 이웃 영역인 중앙 뒤통수 겉질medial occipital cortex의 뉴런도 활성화한다. 대상이 눈이나 손으로 지각될 때다.[34] 우리가 피부, 옷, 나무, 금속 등 다양한 물질을 쉽게 식별하고 구별할 수 있으며, 심지어 흘깃 보고서도 그럴 수 있는 이유가 바로 이 때문이다.[35]

뇌 영상 연구는 물질들에 관한 시각 정보가 암호화하는 방식이 서서히 변한다는 것을 보여준다. 초기 단계에서 그림이나 다른 어떤 대상의 시각적 처리는 오로지 전적으로 시각적으로만 진행된다. 처리가 더 진행되면 각 물질들을 범주로 나눌 수 있도록 뇌에서 대상의 다감각 표상이 형성된다(특히 방추형 이랑fusiform gyrus과 곁고랑collateral sulcus에서).[36] 뇌의 이런 더 고등한 영역에서 촉감의 지각—수틴의 작품에서 대단히 중요한—은 시각적 식별과 긴밀하게 얽힌다. 뇌 시각계의 이 부분이 질감 이미지를 처리하는 탄탄하고 효율적인 메커니즘 집합을 갖고 있기 때문이다.[37] 사실 뇌의 미술 경험에는 교차식 연합cross-modal association이 핵심적인 역할을 한다.

시각과 촉각 상호작용에 덧붙여서, 수틴의 고통스러우면서 비대칭적이고 실존주의적인 이미지를 볼 때 우리 뇌에서는 강한 감정—기쁨일 때도 있고 두려움, 불안, 불확실성일 때도 종종 있다—도 일어난다. 빈 1900의 위대한 미술사학자 알로이스 리글은 지각의 심리학에 초점을 맞춤으로써 최초로 미술사와 과학 사이에 다리를 놓으려고 시도했다. 리글은 그 어떤 미술 작품도 감상자의 반응, 감상자의 몫 없이는 완성되지 않는다고 주장했다. 현재 우리는 이 중요한 일을 시작한 베런슨보다 훨씬 더 멀리까지 나아가서 감상자의 몫을 담당하는 신경 회로 집합의 윤곽을 엉성하게나마 그리는 일을 시작할 수 있다. 그림 2.16은 뇌가 이미지의 시지각에 덧붙여서 시각 경험을 촉지각으로 번역하는 것을 포함하는 얼굴의 표상을 지니며, 이 표상에 특히 얼굴이 전달하는 감정(감정의 집행 기구인 편도체를 통해 매개된다)까지 담긴다는 것을 보여준다. 또한 감상자의 몫은 몸, 즉 움직이는 몸의 지각, 감정, 시뮬레이션, 감정이입, 마음의 이론도 포함한다.

여기서 나는 감상자의 몫을 맡은 신경 회로들의 구성요소들 중 더 최근에 규명된 몇 가지만 제시했다. 게다가 비록 내가 감상자의 몫에 기여하는 다양한 구성요소들을 선형으로 상호작용하는 양 그리긴 했지만, 실제로는 그렇지 않다. 서로에게 되돌아가는 피드백

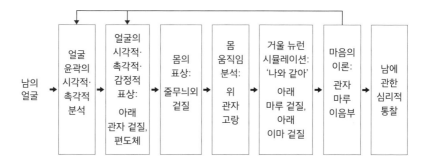

각 상자 안의 텍스트 (왼쪽에서 오른쪽):

남의 얼굴 → 얼굴 윤곽의 시각적·촉각적 분석 → 얼굴의 시각적·촉각적·감정적 표상: 아래 관자 겉질, 편도체 → 몸의 표상: 줄무늬외 겉질 → 몸 움직임 분석: 위 관자 고랑 → 거울 뉴런 시뮬레이션: '나와 같아' 아래 마루 겉질, 아래 이마 겉질 → 마음의 이론: 관자 마루 이음부 → 남에 관한 심리적 통찰

2.16　감상자의 몫에 관여하는 신경 회로의 흐름도.

연결을 포함해서 중요한 연결들이 더 있다. 마음의 이론이 관여하는 더 고차원의 인지 영역은 초기에 시각과 촉각 처리에 관여한 영역들로부터 오는 정보를 받기도 하지만, 그와 동시에 얼굴 인식에 관여한 감각 영역들에 피드백을 주어서 그 처리 과정을 수정할 수 있다.

한 가지 흥미로운 발견은 거울 뉴런 체계다. 모방에 관여하는 이 체계는 이탈리아 뇌과학자 자코모 리졸라티^{Giacomo Rizzolatti}가 원숭이에게서 발견했다. 리졸라티는 원숭이 뇌의 운동계에 속한 일부 세포가 원숭이 자신의 움직임뿐 아니라 사람도 포함해서 다른 원숭이의 움직임을 볼 때에도 반응한다는 것을 알아차렸다. 그 뒤에 나온 주장들처럼, 이 거울 뉴런 체계는 이미지와 미술 작품을 볼 때의 감정이입 반응에도 관여할지 모른다.

거울 뉴런 체계 말고도 미술은 감상자의 몫의 신경 회로에 속한 다른 구성요소들도 활성화한다. 남의 감정, 목표, 열망을 짐작하는 데 관여하는 과정들인 감정이입과 마음의 이론을 담당하는 뇌 체계들이다. 따라서 감상자는 자신의 감정을 그림 속의 사람에게 투영할 뿐 아니라, 그 사람의 목표와 열망을 이해하고자 애쓴다. 앞서 말했듯이, 이 말은 촉감에도 적용된다. 수틴 그림의 조각적 특성은 실제로 촉각 경험을 제공하며, 이는 우리의 시각 감수성과 상호작용한다. 우리가 눈으로 '그림의 질감을 느낄' 때, 우리는 사실상 화가가 그 이미지를 창작할 때의 활동을 재현하고 있다. 거울 뉴런이 관찰된 행동의 의미를 해석하는 데 쓰이는 것과 마찬가지로, 우리는 캔버스에 남은 자취들을 통해 화가의 손이 어떻게 움직였는지를 거의 볼 수 있다. 물감을 두껍게 발라서 감정의 동요를 전달한다는 개념은 중요하다. 반 고흐의 말기 작품에서 짧게 반복되어 나란히 뻗어 있는 붓질 자국들에서도 그것을 볼 수 있다. 거기에서 질감과 붓질은 사람이나 사물이 아니라 감정을 표현한다.

감상자의 몫을 구성하는 다양한 기능들은 뇌의 각기 다른 영역에 흩어져 있다(그림 2.17). 줄무늬 겉질(1)은 대뇌 겉질에서 첫 번째 시각 처리를 중계하는데, 그 정보를 뒤쪽과 앞쪽 관자 겉질(2)로 보낸다. 관자 겉질에서는 얼굴이 표상된다. 줄무늬 겉질 앞쪽에는 줄무늬외 몸 영역(3)이 있다. 이곳은 몸의 이미지를 처리한다. 줄무늬외 몸 영역의 앞쪽은 운동을 처리하는 영역(4)으로서, 자동차나 사람이 일으키는 움직임을 처리한다. 반면에 관자 겉질의 위쪽 부위는 생물학적 운동만을 처리하는 영역(5)이다. 사람이 움직이거나 환영하기 위해 손을 내밀 때 같은 움직임이다. 자폐증이 있는 아이는 자동차의 움직임에는 완벽하게 잘 반응하지만, 사회적으로 중요한 사람의 생물학적 움직임에는 잘 반응하지 못할 수 있다.

마루 겉질과 이마 보조 운동 겉질frontal supplementary motor cortex(6)은 앞

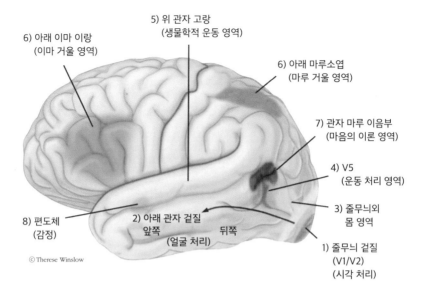

6) 아래 이마 이랑
(이마 거울 영역)

5) 위 관자 고랑
(생물학적 운동 영역)

6) 아래 마루소엽
(마루 거울 영역)

7) 관자 마루 이음부
(마음의 이론 영역)

4) V5
(운동 처리 영역)

3) 줄무늬외
몸 영역

1) 줄무늬 겉질
(V1/V2)
(시각 처리)

8) 편도체
(감정)

2) 아래 관자 겉질
앞쪽   뒤쪽
(얼굴 처리)

© Therese Winslow

2.17　감상자의 몫에 관여하는 뇌 영역들.

서 말한 모방에 관여하는 거울 뉴런을 지닌 두 영역이다. 관자 마루 이음부(7)에는 마음의 이론을 담당하는 영역이 있으며, 앞서 말했듯 이 마음의 이론은 감정이입에 관여하는 뇌 체계의 일부다. 예를 들어, 여기서 감상자는 수틴이 묘사한 대로 마들렌 카스탱(그림 2.10)의 마음에서 무슨 일이 벌어지는지를 감정이입을 통해 이해하려고 애쓴다. 마지막으로 이 영역들 중 상당수는 우리 감정의 지휘자인 편도체(8)와 상호 연결되어 있다.

　이런 고차원적 과정들이 어떻게 상호작용하여 수틴의 그림을 보는 감상자의 몫 전체를 형성하는지는 21세기 뇌과학이 직면한 크나큰 도전과제 중 하나다.

제3장

코코슈카, 실레, 클림트

모더니즘은 여성을 어떻게 바라보는가

모더니즘 사상—오늘날 우리가 사는 세계로 이어진 사상—은 상당 부분 빈 1900에서 출현했다. 프로이트, 슈니츨러, 말러, 쇤베르크, 클림트, 코코슈카, 실레를 비롯한 많은 저명한 미술가와 지식인이 살고 활동하던 시기이자 장소다. 이는 어느 정도는 19세기 중반일상생활의 제약과 위선에 대한 반발로 출현한 것이긴 하지만, 더욱중요한 기여를 한 것은 인간 행동의 합리성을 지나치게 강조한 18세기의 계몽운동에 대한 반발이었다.

모더니즘은 새로운 세계관의 추구를 대변했으며, 찰스 다윈(1809~1882)의 연구에서도 찾을 수 있다. 다윈은 우리가 각자 특별하게 창조된 존재가 아니라, 더 단순한 동물 조상들로부터 진화한 생물학적 존재라고 주장했다. 다윈은 생물의 진화가 성선택을 통해 추진된다고 했다. 따라서 진화의 관점에서 보면, 생물의 주된 기능은 번식이다. 게다가 성적 유혹과 짝 선택이 모든 동물의 행동에서 중심이 되므로, 인간의 행동에서도 중심이 될 것이 틀림없다. 성적 유혹과 짝 선택의 열쇠는 모든 사회적 상호작용으로 이어지는데, 바로 얼굴 표정과 신체 표현이며, 그것들이 드러내는 감정이다.

다윈의 개념은 지그문트 프로이트(1856~1939)에게 큰 영향을 끼쳤고, 프로이트는 무의식적 마음의 연구를 개척했다. 프로이트는 인간이 합리적인 존재가 아니라고 주장했다. 비합리적이고 무의식적인 정신 과정들에 휘둘린다는 것이다. 게다가 성욕과 공격성을 포함한 성인의 특징들이 아이의 마음에서 기원한다고 보았다. 마지막으로 프로이트는 이 기계에 잠음 같은 것은 전혀 없다고 생각했다. 즉 우연히 일어나는 정신적 사건 같은 것은 전혀 없다고 했다. 정신적 사건은 과학 법칙을 지키고, 심리 결정론의 원리를 따른다고 했다. 이런 개념들은 행동의 표면 아래에 숨겨진 의미를 추구하는 현대적인 성향을 낳았다.

1900년 빈 생활을 정의하는 특징 중 하나는 미술가, 저술가, 과학자 사이의 자유롭고도 편한 상호작용이었다. 이런 상호작용을 통해서, 빈의 세 위대한 모더니즘 화가—구스타프 클림트, 오스카어 코코슈카, 에곤 실레—는 다윈과 프로이트의 사상에 관심을 갖게 되었다. 그들이 묘사한 여성의 모습은 이 관심을 잘 드러낸다.

이 세 화가는 얼굴 표정과 몸 움직임이 감정을 전달하는 역할을 한다고 다윈이 역설한 내용과 더불어, 마음과 그 무의식적 과정에 관한 프로이트의 견해에 심취했다.

매혹적이지만 얻을 수 없는

자신의 무의식적 정신 과정을 가장 깊이 파헤치고 그 과정에 가장 깊은 영향을 받은 듯한 화가는 코코슈카다. 사실 코코슈카는 자신이 프로이트와 상관없이 독자적으로 무의식적 정신 과정이 존재함을 발견했다고 주장했다. 프로이트처럼 코코슈카도 남들의 무의식을 연구하는 과정은 자기 자신을 연구하는 것에서 시작해야 한다고 믿었고, 모델의 정서 생활뿐 아니라 자신의 정서 생활을 탐구하는 일에 지속적으로 관심을 갖게 되었다. 또 프로이트처럼 코코슈카도 아동과 청소년의 성욕에 흥미를 보였다.

클림트는 자화상을 한 점도 그리지 않았지만, 그의 제자인 코코슈카는 자화상을 많이 그렸다(그림 3.1). 자기 자신의 시대 정신과 빈

3.1 　오스카어 코코슈카, 〈얼굴에 손을 대고 있는 자화상Self-Portrait, One Hand Touching the Face〉(1918~19).

3.2 렘브란트 판레인,
〈자화상Self-Portrait〉(1629).

의 시대 정신을 고수하면서, 코코슈카는 한결같이 정직하게, 더 나아가 무자비할 만치 자신의 정신을 분석했다. 그 결과 그의 자화상은 렘브란트(그림 3.2)와 뒤러를 포함한 더 예전의 화가들이 같은 나이일 때 그렸던 그림들보다 더 예리하고 심리적인 통찰을 드러낸다.

아마 가장 흥미로운 자화상은 빈에서 가장 아름다운 여성 중 한 명이자 사망한 작곡가 구스타프 말러Gustav Mahler의 부인인 알마 말러Alma Mahler와 연애할 때 그린 작품들일 것이다. 당시 33세였던 알마는 26세였던 코코슈카보다 훨씬 더 성숙했고 경험도 풍부했다. 만나기 시작한 지 얼마 안 된 1912년 4월, 코코슈카는 정열적인 편지를 써서 알마에게 청혼했다. 편지는 코코슈카가 결코 감출 생각이 없던 폭풍 같은 성적 관계를 묘사하는 것으로 시작되었다.

연애하는 동안 코코슈카는 자신들의 모습을 담은 초상화를 몇 점

3.3 오스카어 코코슈카, 〈두 나체(연인들)
Two Nudes (Lovers)〉(1913)(일부)

그렸다(그림 3.3). 초상화 속의 알마는 대개 차분한 모습인 반면, 코코
슈카는 열정적이거나 매우 초조하거나 거의 겁에 질린 양 보인다.
마치 신경 쇠약에 걸리기 직전 같다(그림 3.4). 그중 가장 중요한 작품
인 〈폭풍The Tempest〉(그림 3.5)에서 코코슈카와 알마는 거센 폭풍 속에
난파된 작은 배에 누워 있다. 그들의 폭풍 같은 관계의 파도가 들이
치는 가운데, 그녀는 침착하게 잠을 자고 있지만, 코코슈카는 늘 그
렇듯이 초조한 모습으로 뻣뻣한 자세이다. 배경의 색채는 그의 감정
상태를 드러낸다.

이런 2인 초상화에서 코코슈카는 여성이 매혹적이면서 얻을 수

3.4 오스카어 코코슈카, 〈연인(알마 말러)과의 자화상Self-Portrait with Lover(Alma Mahler)〉(1913).

3.5 오스카어 코코슈카, 〈폭풍〉(1914).

없는 존재라는 견해를 전달한다. 비록 알마와의 연애는 겨우 3년밖에 가지 못했지만, 그 뒤로도 내내 그의 화가 생활에 깊은 영향을 미쳤다. 그 연애는 알마가 코코슈카를 떠나(앞서 두 사람의 아기를 사산했다) 건축가 발터 그로피우스 Walter Gropius에게 감으로써 끝이 났다. 코코슈카는 일련의 자화상들을 통해 자신의 우울을 표현했고(그림 3.1), 알마의 모습을 본뜬 실물 크기의 인형을 주문 의뢰해서, 그녀의 생각을 떨쳐낼 때까지 인형에 그리고 칠하는 행동을 반복했다.

프로이트처럼 젊은 코코슈카도 아동과 청소년의 성욕에 관심이 많았고, 초창기에 사춘기 이전의 아이들을 담은 드로잉을 많이 그렸다. 〈나체 연구, 릴리트 랑 Studies for the Nude, Lilith Lang〉(그림 3.6)을 보면, 그가 릴리트에게 끌렸다는 것이 명백하지만 두 사람은 결코 맺어진 적이 없었다. 뒤러는 청소년기에 자신의 나체를 그렸지만, 코코슈카는 청소년기 여성의 나체를 그린 최초의 화가에 속했다.

3.6　오스카어 코코슈카, 〈나체 연구, 릴리트 랑〉(1907).

3.7　오스카어 코코슈카, 〈노는 아이들Children Playing〉(1909).

코코슈카는 아이가 10대 초기에도 성욕과 공격성에 이끌리는 감정을 지닐 수 있음을 이해했다. 1909년 그는 리하르트 슈타인Richard Stein의 자녀 로테(5세)와 발터(8세)가 노는 모습을 그렸다(그림 3.7). 코코슈카는 그들의 몸 언어를 통해 그들의 상호작용이 완전히 순수하지 않음을, 그들이 서로에게 끌리는 마음 때문에 싱숭생숭함을 암시했다.

코코슈카를 당대 최고의 초상화가라고 본 미술 평론가 에른스트 곰브리치는 슈타인 아이들의 초상화를 이렇게 묘사했다.

과거에 그림 속의 아이는 예쁘고 흡족한 양 보여야 했다. 어른들은 아동의 슬픔과 고통을 알고 싶어 하지 않았고, 그런 측면을 끄집어내면 화를 냈다. 그러나 코코슈카는 이런 관습적인 요구를 받아들이지 않으려 했다. 우리는 그가 연민을 품고 깊이 감정이입을 한 상태에서 이 아이들을 바라보았다고 느낀다. 그는 아이들의 동경과 몽상, 성장 중인 신체의 어색한 움직임과 부조화를 포착했다. (…) 그의 작품은 기존 작품들이 보여주는 정확성이 결여된 대신에 더욱더 사실적이다.[1]

요컨대 프로이트와 마찬가지로 코코슈카도 어른 못지않게 아동과 청소년의 삶에서 성욕이 중요함을 이해했다.

불안과 에로티시즘

'빈 미술계의 카프카'인 실레는 성욕을 비롯한 모든 것을 현대 생활의 실존주의적 불안과 융합했다. 그가 묘사한 여성들은 성적 관계에서 그와 완전히 대등했기에, 코코슈카의 심적 고통과 감정적으로 동떨어져 초연한 상태로 있었던 알마 말러와 달리 그의 불안을 공유했다. 수채화 〈성교Lovemaking〉(그림 3.8)와 〈앉아 있는 연인Seated Couple〉(그림 3.9)은 실레의 에로티시즘과 불안을 보여준다. 이 작품들에서 그는 성욕, 에로티시즘, 염세, 피폐함, 두려움을 융합한다.

1911년 실레는 발레리 노이칠Valerie Neuzil을 만났다. 17세의 빨간머리인 그녀는 자신을 발리Wally라고 했다. 당시 실레는 21세였다. 전직 모델이었고 아마 클림트의 애인이었을 발리는 실레의 모델이자 연인이 되었다. 발리 덕분에 실레는 여성의 에로티시즘이 무엇인지 이해하게 되었다. 코코슈카처럼 실레도 청소년의 성욕에 흥미를 느꼈고, 자신의 모델이 된 사춘기 소녀들에게 노골적인 자세를 취하게

3.8 에곤 실레, 〈성교〉(1915).

3.9 에곤 실레, 〈앉아 있
는 연인〉(1915).

3.10　에곤 실레, 〈머리를 기울인 채 웅크린 여성 나체〉(1918)

했다. 그러나 실레는 코코슈카보다 더 나아갔다. 그는 불편할 만치 성욕을 탐구해 묘사했다. 생식기에 노골적으로 초점을 맞추거나, 성 행위를 묘사한 그림들도 그렸다. 1918년에 그린 〈머리를 기울인 채 웅크린 여성 나체^{Crouching Female Nude with Bent Head}〉(그림 3.10)에서 실레는 여성을 고개를 깊이 숙인 채 우수 어린 표정을 짓고 있는 모습으로 묘사함으로써 그녀의 감정을 전달한다. 마치 그녀를 보호하고 안심시키려는 듯 헝클어진 긴 머리카락이 얼굴을 감싸고 있다.

　　1915년 실레는 발리를 버리고 사회적으로 받아들여질 중산층 젊은 여성인 에디트 하름스^{Edith Harms}와 혼인했다. 발리와 헤어지라는 에디트의 최후 통첩을 받자, 실레는 〈죽음과 처녀^{Death and the Maiden}〉(그림 3.11)라는 2인 초상화를 그렸다. 위에서 내려다본 모습을 담은 이 그림에서 실레와 발리는 하얀 천이 깔린 요 위에 누워 있다. 발리는 그

3.11   에곤 실레, 〈죽음과 처녀〉(1915).

의 가슴에 머리를 기댄 채 그를 껴안고 있다. 두 사람은 막 사랑을 나누었음을 암시하는 자세로 누워 있지만, 마치 다른 사람이나 다른 무엇을 생각하고 있는 양 시선을 마주치지 않는다.

〈죽음과 처녀〉는 코코슈카의 〈폭풍〉(그림 3.5)과 비교되곤 하지만, 여기서는 상황이 뒤집힌다. 코코슈카는 알마에게 거부당한 반면, 실레는 자신이 발리를 떠났다. 발리는 관계의 죽음 앞에서 실레의 깊은 불안에 못지않은 외로움과 절망을 느끼고 있다. 실레의 세계에서는 그 누구도 안전하지 않다.

과장된 얼굴 표정과 뇌의 반응

코코슈카와 실레의 표현주의 초상화에 공통된 한 가지 특징은 얼굴 표정을 극적이고 과장해서 표현한다는 것이다. 현재 우리는 뇌가 얼굴을 어떻게 처리하고 과장에 어떻게 반응하는지를 이해하기 시작했다.

프린스턴대의 찰스 그로스, 이어서 하버드대의 마거릿 리빙스턴, 도리스 차오, 윈리치 프라이월드는 몇 가지 중요한 발견을 해왔다. 그들은 뇌 영상과 개별 신경 세포에서 나오는 전기 신호 기록을 조합해서, 마카크원숭이의 관자엽에 얼굴에 반응하여 활성을 띠는 작은 영역이 여섯 곳 있음을 발견했다. 얼굴반이라는 이 영역들은 각각 얼굴의 서로 다른 측면에 반응한다. 정면 모습, 옆면 모습 등이다. 연구진은 사람의 뇌에서도 더 작긴 하지만 비슷한 얼굴반 집합을 찾아냈다.[2]

차오 연구진은 원숭이의 얼굴반에 얼굴에만 반응하는 세포들이 높은 비율로 들어 있다는 것을 보여주었다.[3] 이 세포들은 얼굴의 위치, 크기, 응시 방향의 변화뿐 아니라, 얼굴의 다양한 특징들의 모양에도 민감하게 반응한다.

원숭이 얼굴반에 있는 세포는 다른 원숭이의 사진에 강하게 반응하며, 얼굴을 그린 만화에는 더욱 강하게 반응한다. 사람처럼 원숭이도 실제 얼굴보다 만화에 더 강한 반응을 보이는 이유는 만화가 얼굴의 특징들을 과장하기 때문이다. 두 눈 사이의 거리를 더 떼어놓거나 가깝게 하면, 세포는 더 빨리 발화한다. 그러나 원숭이 얼굴반의 세포는 게슈탈트 원리를 따른다. 즉 반응을 일으키려면 얼굴이 완전한 형태여야 한다. 세포는 원 안에 두 눈과 입 하나가 있을 때에만 반응한다(1장, 그림 1.29 참조). 게다가 원숭이에게 얼굴의 위아래를 뒤집은 사진을 보여주면, 세포는 반응하지 않는다.

이런 연구는 우리 뇌가 얼굴을 검출할 때 쓰는 주형의 특성을 새롭게 밝혀냈다. 행동 연구는 더 나아가 뇌의 얼굴 검출 기구와 주의 제어 영역 사이에 강한 연결 고리가 있음을 시사한다. 얼굴과 초상화가 그토록 강하게 우리의 주의를 사로잡는 이유를 이것으로 설명할 수 있을지도 모른다.

여성의 성욕에 관한 감수성

구스타프 클림트는 여러 면에서 코코슈카와 실레의 역할 모델이었다. 비록 그들과 달리 클림트는 결코 표현주의로 나아가지 않았지만, 모델의 심리를 간파하는 탁월한 통찰력을 지니고 있었다. 그의 모델은 대부분 여성이었다. 프로이트는 인간의 심리를 간파한 많은 통찰력 있는 견해를 내놓았지만, 인간 본성의 몇몇 측면을 제대로 이해하지 못했다. 여성의 성욕이 특히 그러했다. 프로이트는 초기에 그저 남성의 성욕을 여성에게 확대 적용함으로써, 여성을 음경 없는 남성으로 치부했다. 그는 여성이 음경이 없으므로, 음경 선망을 경험한다고 주장했다. 그래서 어린 소녀가 소년에게 질투심을 느끼고, 음경을 빼앗았다고 엄마에게 분노를 느낀다고 주장했다. 또 프로이트는 여성이 섹스를 즐기지 않는다고 생각했다. 그저 수동적으로 주로 아이를 갖기 위해, 가능하면 남자아이이기를 바라면서 섹스를 할 뿐이라고 보았다.

그는 1925년 〈남녀의 해부학적 차이의 몇 가지 심리적 결과〉라는 논문에서 이 개념을 상세히 펼쳤다. "여성은 변화에 반대하며, 수동적으로 받아들이고, 스스로 기여하는 바가 전혀 없다."⁴

대조적으로 클림트는 여성의 성욕을 상당히 깊이 이해하고 있었다. 어떤 의미에서 그는 다윈 이후에 여성의 성욕을 묘사하는 데 돌파구를 열었다고 할 수 있다. 로댕의 영향을 받아서 클림트는 모델에게 화실을 돌아다니게 하면서 마음에 드는 자세가 나올 때까지 기다렸다. 이런 자유로운 분위기에 힘입어서 이 벌거벗거나 거의 벌거벗은 여성들은 자기 자신이나 상대를 성적으로 더 편히 탐구할 수 있었다. 자위를 하거나 서로 또는 남성 모델과 성교하기도 했다. 게다가 클림트 스스로가 성 경험이 풍부했기에, 그는 여성이 남성 못지않게 모든 면에서 풍부하면서 독립적인 성생활을 즐긴다는 것을 알고 있었다.

우리는 여성의 성욕을 보는 클림트(그림 1.12)의 관점과 조르조네(그림 1.8), 티치아노(그림 1.9), 마네(그림 1.11)가 묘사한 것 같은 서양 미술의 전통적인 나체 사이의 차이점을 쉽게 알아볼 수 있다. 후자의 세 그림에서 여성은 신화적인 존재로서(비너스나 올림피아) 아마도 남성일 감상자의 성적 호기심을 충족시키는 것이 자신의 유일한 기쁨인 양 감상자를 바라보고 있다. 마지막으로 각 여성의 왼손은 자신의 음부를 덮고 있는데, 정숙한 태도이거나 자위를 하고 있어서

다. 어느 쪽인지는 모호하다. 클림트의 드로잉에서는 여성이 오로지 자기 자신과 자신의 성적 쾌락에 집중하고 있으며, 그녀의 의도는 너무나 명백하다.

클림트의 특히 놀라운 점, 그리고 그를 프로이트와 더욱더 구별하는 점은 여성이 남성 못지않은 성적 본능을 지니고 있을 뿐 아니라 남성처럼 에로티시즘을 공격성과 융합할 수 있음을 그가 이해했다는 사실이다. 클림트는 1901년 〈유디트〉에서 이 점을 탁월하게 묘사했다(그림 1.13).

유디트는 유대 민족의 영웅이었다. 기원전 500년 아시리아의 홀로페르네스 장군은 군대를 이끌고 예루살렘 인근의 소도시인 베툴리아를 포위했다. 그렇게 한 주 또는 두 주가 흐르면서 주민들의 삶이 너무 열악해지자 스물네 살쯤 된 온건한 젊은 과부 유디트는 주민들을 구하기로 결심했다. 그녀는 군대 안으로 몰래 잠입해서 연회에서 술을 마시고 있는 홀로페르네스를 찾아냈다. 그녀는 그에게 술을 잔뜩 먹인 다음, 함께 그의 막사로 가서 잠자리를 같이했다. 이윽고 술과 섹스에 만족한 홀로페르네스가 잠이 들자, 유디트는 그의 칼을 들어서 목을 베었다.

유디트가 홀로페르네스의 목을 베는 장면은 서양 미술에서 정숙한 과부가 자기 민족을 위해 스스로를 희생한 사례로서 거듭 묘사되어 왔다. 그러나 클림트의 그림에서 유디트는 결코 스스로를 희생하는 가여운 과부가 아니다. 그녀는 성교 후의 나른한 상태에서 우아한 무늬가 있는 옷을 걸치고 왼쪽 가슴을 드러낸 채 홀로페르네스의 잘린 머리를 무심코 만지고 있는 팜파탈이다.

3.12

헤이우드 하디
Heywood Hardy,
〈세 사자의 싸움
Three Lions
Fighting〉(1873).

에로티시즘과 공격성의 상호작용

오늘날 뇌과학자는 프로이트가 남성에게서 관찰했고 클림트가 〈유디트〉에서 묘사한 '공격성과 성의 융합'(그림 3.12)을 연구하고 있다. 캘리포니아 공대의 데이비드 앤더슨David Anderson은 감정 행동의 신경생물학을 연구하는데, 이 에로티시즘과 공격성의 융합을 담당하는 생물학적 토대 중 일부를 발견했다.[5]

우리는 편도체라는 뇌 영역이 감정을 조율하고 시상하부hypothalamus와 소통한다는 것을 안다. 시상하부는 육아, 섭식, 성교, 두려움, 싸움 같은 본능적인 행동을 관장하는 뇌 세포, 즉 뉴런이 들어 있는 영역이다(그림 3.13). 앤더슨은 시상하부에 두 뉴런 집단을 포함하고 있는 핵, 즉 뉴런 덩어리가 있다는 것을 발견했다. 공격성을 담당하는 집단과 성교를 조절하는 집단이다. 두 집단 사이의 경계에 놓인 뉴런의 약 20퍼센트는 성교나 공격 때 활성을 띨 수 있다. 이는 이 두

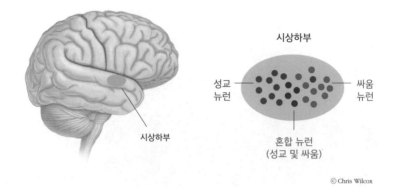

© Chris Wilcox

3.13 시상하부에는 두 신경 집단이 있다. 싸움을 담당하는 신경 집단과 성교를 담당하는 신경 집단이다. 양쪽 행동 때 다 활성을 띠는 신경도 있다.

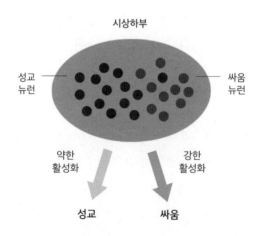

3.14 자극의 세기가 어느 뉴런이 활성될지 결정한다.

행동을 조절하는 뇌 회로들이 긴밀하게 연결되어 있음을 시사한다.

두 상호 배타적인 행동—성교와 싸움—을 어떻게 같은 뉴런 집합이 매개할 수 있을까? 앤더슨은 이 차이가 뉴런에 가해지는 자극의 강도에 달려 있음을 알아냈다. 전희 같은 약한 감각적 자극은 성교를 활성화하는 반면, 위험 같은 더 강한 자극은 싸움을 활성화한다(그림 3.14).

성애가 지식의 추구인 까닭

우리는 코코슈카, 실레, 클림트의 여성들에게서 남성만큼 성욕을 즐기고 사랑이 거부될 때 남성만큼 고통을 겪는 해방된 여성관을 본다. 또한 클림트의 〈유디트〉에서 에로티시즘과 공격성의 융합을, 실레의 여성들에게서 에로티시즘과 불안의 융합을 본다. 이 세 화가로부터 출현한 견해는 여성이 남성과 대등하다는 것이다. 따라서 성욕은 일방적인 것이 아니라, 대화다. 메타심리학적인 새로운 경험과 새로운 지식의 추구, 특히 자기 자신에 관한 새로운 지식의 추구다.

이 화가들의 초상화에서 찬미된 여성의 힘은 '영원한 여성성'이라는 이상, 즉 독일 문화에 깊이 뿌리박힌 이상을 떠올리게 한다. 괴테는 파우스트의 영혼을 영원한 천벌로부터 구하기 위해서 영원한 여성성에 호소한다. 결국 메피스토펠레스는 사랑이라는 구원의 힘에 무력해진다. 이 개념은 《파우스트》제2부의 유명한 결말 구절에 담겨 있다.

영원히 여성적인 것이 우리를 위로 끌어올린다.[6]

그러나 영원한 여성성이라는 개념은 구원에서 더 나아간다. 그것은 파우스트의 지칠 줄 모르는 지식과 발전에 대한 추구도 찬미한다. 그의 영혼을 안전한 곳으로 인도하는 천사들은 이렇게 영창한다. "언제나 추구하며 애쓰는 사람을 우리는 구할 수 있지."[7]

영원한 여성성이 지식의 추구를 자극한다는 개념은 플라톤에게로 거슬러 올라갈 수 있다. 플라톤은 《국가Republic》에서 소크라테스의 입을 빌려, 사랑에 빠지는 것이 신체적 욕망이자 가장 중요한 욕구인 지혜의 추구이기도 하다고 말한다. 빈의 거의 모든 교양인에게 알려져 있던 이 주제를 빈 1900의 구스타프 말러(알마 말러의 사망한 남편)는 새롭게 강조했다. 그는 1906년에 작곡한 8번 교향곡을 《파우스트》 제2부의 마지막 장면으로 결론지었다.

괴테—그리고 나는 코코슈카, 실레, 클림트도 그렇다고 주장하련다—는 이 추구 열망을 일으키는 한 가지가, 바로 남성의 삶에 영원한 여성성이 존재하고 남성이 사랑이라는 맥락 속에서 자기 자신에 관한 지식을 얻기 때문이라고 했다. 우리는 세 화가들이 여성을 묘사한 방식에서 이를 볼 수 있다. 코코슈카의 작품에서 우리는 그가 알마 말러에 매달린 이유가 자신의 창의성이 그녀의 사랑에 달려 있다고 믿었기 때문임을 알아차린다. 그의 가장 탁월한 초기 작품들은 그 애정 관계의 맥락에서 나온 것들이다. 한편 실레와 발리의 연애는 불안을 고조시켜서 그의 탁월함을 정의하는 불안 가득한 작품을 낳았다. 실레와 에디트의 혼인은 그 고통스러운 불안을 완화시켰고, 이에 따라 그의 창의성은 다른 더 부르주아적 방향으로 나아가게 되었다. 클림트의 여성 드로잉과 회화는 여성 성욕의 전 범위를 아우르는 놀라운 감수성으로 가득하다. 이런 이해는 자신의 경험에서 나온 것이었다.

요컨대 빈 1900에 출현한 모더니즘 사상은 남녀가 똑같이 성적 충동을 표현한다는 맥락에서 자기 이해를 추구함을 강조할 뿐 아니라, 더 높은 수준의 지혜가 사랑의 구원하는 힘과 자기 이해 추구로부터 나올 수 있음을 시사한다. 모더니즘 사상의 이런 특징들은 클림트, 코코슈카, 실레의 여성 묘사에서 뚜렷이 드러난다.

제4장

초상 미술과 감상자의 몫

뇌과학의 관점에서

21세기 과학의 핵심 도전과제는 인간의 정신을 생물학적으로 이해하는 것이다. 20세기 말에 마음의 과학인 인지심리학이 뇌의 과학인 신경과학과 융합됨으로써 이 난제를 탐구할 가능성이 열렸다. 이 융합으로 우리 자신에 관한 다양한 질문들을 살펴보게 해줄 새로운 마음의 생명과학이 탄생했다. 우리는 어떻게 지각하고, 학습하고, 기억할까? 감정, 감정이입, 의식의 본질은 무엇일까?

이 새로운 마음의 생명과학은 우리를 우리답게 만드는 것이 무엇인지를 더 깊이 이해하게 해줄 뿐 아니라, 뇌과학과 다른 지식 분야들 사이에 일련의 의미 있는 대화를 가능하게 하기 때문에 중요하다. 더 넓은 의미에서 보자면, 이런 대화는 과학을 우리 공통의 문화 경험의 일부로 만드는 데 도움을 줄 수 있을 것이다.

나는 새로운 마음의 생명과학이 구상 미술과 어떻게 관련을 맺기 시작했는지에 초점을 맞춤으로써 이 과학적 도전과제를 받아들이고자 한다. 과학자로서 살아오는 동안, 나는 환원주의 접근법을 써서 혜택을 보곤 했다. 나는 먼저 가장 단순한 사례에 초점을 맞춘 다음 그것을 더 깊이 파헤치는 방법을 써서 내 관심을 끄는 큰 문제를 탐구하고자 한다. 바로 기억 저장이라는 문제다. 그래서 미술과 연관지을 때, 나는 다시금 환원주의 접근법을 취할 것이다. 미술 중 한 가지 형식인 초상 미술에 논의의 초점을 맞춘다.

내가 초상 미술을 택한 이유는 과학적 탐구에 매우 적합한 미술 형식이기 때문이다. 지금 우리는 뇌가 남의 얼굴 표정과 몸 자세에 어떻게 반응하는지를 지적으로 흡족할 만치 이해하기 시작한 상태다. 아마 초상화는 뇌과학의 관점에서 볼 때 가장 흥미로운 미술 주제일 것이다. 초상 미술에는 독특한 매력이 있다. 세상의 모든 대상들 중에서 얼굴이 가장 특별하기 때문이다.

얼굴은 왜 그렇게 특별할까

이 의문을 가장 먼저 파고든 사람은 찰스 다윈이었다. 그는《사람과 동물의 감정 표현The Expression of the Emotions in Man and Animals》(1872)에서 얼굴이 사회적 상호작용에 가장 중요하다고 지적했다. 우리는 얼굴을 통해 서로를 알아보고, 자기 자신도 인지한다. 게다가 사회적 동물이기에 우리는 자신의 생각과 계획뿐 아니라 감정도 서로 소통할 필요가 있다. 얼굴 표정은 우리의 주된 사회적 신호 전달 체계다. 우정 맺기부터 사업 계약, 반려자 찾기 등에 이르기까지, 모든 사회적 의

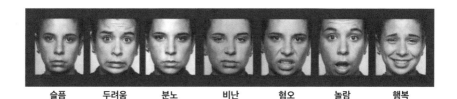

| 슬픔 | 두려움 | 분노 | 비난 | 혐오 | 놀람 | 행복 |

4.1 행복(접근 유발)에서 두려움(회피 유발)에 이르기까지 얼굴 표현의 감정 유발성. 출처: "Portraiture and the Beholder's Share: A Brain Science Perspective," TEDxMet Talk, Metropolitan Museum of Art, 2013; image: Chris Wilcox

사소통에서 중추적인 역할을 한다.

다윈은 우리가 대체로 한정된 가짓수의 얼굴 표정을 써서 감정을 전달한다고 주장했다. 약 일곱 가지다(그림 4.1). 모든 얼굴은 코 하나, 눈 둘, 입 하나라는 동일한 개수의 특징들을 지니므로, 얼굴로 소통하는 감정 신호들의 감각적·운동적 측면들은 문화에 상관없이 보편적이어야 한다. 다윈은 얼굴 표정을 짓는 능력과 남의 얼굴 표정을 읽는 능력이 학습되는 것이 아니라 타고나는 것이라고 주장했다. 여러 해가 흐른 뒤, 인지심리학은 얼굴 인식이 정말로 유아기에 시작된다는 것을 실험을 통해 보여주었다.

우리 뇌는 얼굴을 인식하는 일을 유달리 잘한다. 게다가 우리는 얼굴의 선 그림을 볼 때 얼굴임을 쉽게 알아볼 수 있다. 사실 얼굴의 특징을 조금만 과장하면, 사람임을 더욱 쉽게 알아볼 수 있다. 우리 뇌가 얼굴을 다른 모든 대상들과 다르게 취급한다는 것이 한 가지 이유다.

초상 미술의 간략한 역사

선사시대 미술에는 사람의 초상 작품이 아주 드물다. 프랑스 남서부
의 여러 동굴과 방이 복잡하게 연결된 라스코에서 발견된 1만 7,300
년 전의 동굴 벽화는 최초의 재현 미술에 속한다고 여겨진다. 이 벽
화에 사람은 극히 드물게 등장하며, 결코 중심에 있지 않다. 말, 소,
물소 같은 동물들이 중심이다. 라스코 벽화보다 더 이전에 만들어진
빌렌도르프의 비너스^{Venus of Willendorf}는 임신한 여성의 조각상인데—
아마 출산의 여신일 것이다—기원전 2만 2000년경의 것으로 추정
된다. 이 조각상은 오스트리아에서 발견되었고, 출산을 장려하기 위
해 임신한 여성의 이미지를 숭배한 구석기 시대 부족이 만든 듯하
다. 인간 중심적인 미술이긴 하지만, 이 조각상은 현대 초상 미술 작
품과 전혀 다르다. 이 선사시대 사람들의 마음속에 자신의 삶이나
남의 삶을 후대에 전달되도록 시각 기록으로 남기겠다는 생각은 우
선순위에 놓이지 않았다.

초상 미술은 다른 계통에서 나왔고, 서양 미술에서 핵심적인 역
할을 해왔다. 사진술이 등장하기 전 수백 년 동안, 부유하고 유력한
가문들은 초상화를 써서 구성원의 권력과 지위를 전달하고, 선조가
어떤 모습이었는지를 후대에 보여주었다.

기원전 1500년경부터 이집트인은 초상 미술을 통해 신과 같은 통
치자인 파라오를 묘사했다. 이런 이미지는 영적으로 중요한 장소마
다 그려지고 새겨졌고, 외모뿐 아니라 권력과 상징적 중요성을 알리
는 역할을 했다. 기원전 7세기 초 그리스인도 초상 미술을 이용했는

데, 주로 조각상이라는 형식을 취하긴 했지만, 그들의 초상 작품은 신뿐 아니라 권력자와 유력자를 표현했다. 미술이 그런 이들을 신의 지위로 격상시킨다는 생각이 담겨 있었다. 이 전통은 기원전 1세기 로마에서도 이어졌다. 그러나 초상 미술은 중세시대에 쇠퇴했으며, 예수, 마리아, 요셉 같은 종교적 인물을 묘사한 초상화만 주로 그려졌다.

중세시대에서 르네상스로 넘어가면서 초상화는 살아 있는 사람을 대신하는 용도로 쓰이기 시작했다. 그 사람이 없을 때 대변하는 역할을 한 것이다. 죽은 뒤에도 자신이 남아 있을 수 있다는 생각을 일으킴으로써, 초상화는 일시적인 것을 영속적인 것으로 전환시켰다. 위대한 화가의 업무는 모델을 영구적으로 의미 있는 사람으로 묘사하여 자기 자신과 모델을 고상한 존재로 만드는 것이었다. 이 일은 주로 모델의 옆모습을 그리는 방식으로 이루어졌다.

르네상스 시기에는 귀족과 부자의 초상화에 신체적·심리적 외양과 개성뿐 아니라, 모델을 특징짓는 물품들과 주변 환경도 함께 담겼다. 16세기까지는 대개 왕족과 통치자가 모델이었지만, 경제 성장으로 상인 계급이 부를 쌓게 되면서 초상 미술도 모델의 옆모습이 아니라 앞모습을 묘사하는 쪽으로 바뀌었다. 이 변화를 '르네상스 시선 이동Renaissance gaze shift'이라고 부르기도 한다. 르네상스 화가들은 정면을 응시하는 것을 선호했고, 덕분에 감상자는 모델과 눈을 마주치고 모델의 영속성을 띠는 특징들을 지각할 수 있다.

그리는 방법도 달라졌다. 르네상스 때 그림은 에그 템페라egg tempera로 그렸다. 달걀 노른자에 물감 가루를 섞은 것으로서, 중세 회화에서는 낼 수 없었던 대비를 포함한 다채로운 미술 작품을 그릴 수 있었다. 네덜란드에서 얀 반 에이크^{Jan van Eyck}는 새로운 매체인 기름을 써서 색깔의 범위를 더욱 넓히고 대비와 깊이를 심화시킬 수 있었다. 더 뒤인 17세기에 네덜란드 화가 렘브란트와 프란스 할스^{Frans Hals}, 이탈리아 조각가 베르니니^{Bernini}는 라파엘이나 티치아노 같은 더 이전 화가들의 작품에서 볼 수 없었던 수준까지 사람의 얼굴에 감정을 담아냈다.

처음에 초상 미술이 성공을 거둔 것은 감상자가 앞에 놓인 초상화를 기억 속의 모델 얼굴, 즉 자신이 아는 지위가 높고 업적을 이룬 사람의 얼굴과 비교할 수 있었기 때문이다. 근대 화가들은 이 상황을 바꾸었다. 이들의 모델은 평민일 수도 있고 귀족일 수도 있었다. 게다가 모델은 더 이상 자기 계급의 모든 구성원을 대표하지 않으며, 그저 개인으로서 묘사되었다.

렘브란트와 17세기 네덜란드화파 이래로, 미술가들은 모델의 겉모습 아래로 들어가고자 시도했다. 프랑스 조각가 오귀스트 로댕^{August Rodin}은 이렇게 말했다. "미술가가 사진이 하듯이 피상적인 특징만을 재현한다면, 특징을 참조하지 않은 채 얼굴의 생김새를 정확히 모사한다면, 찬탄을 받을 이유가 전혀 없다. 미술가가 획득해야 하는 닮음은 영혼의 닮음이다." 빈센트 반 고흐도 비슷한 감상을 드러냈다. "아! 초상화, 모델의 생각과 영혼을 담은 초상화. 그것이 내가 내놓아야 한다고 생각하는 것이다." 마지막으로 미국 화가 앨리스 닐^{Alice Neel}의 말도 들어보자. "체홉처럼 나도 영혼의 수집가다. 나는 미술가가 되지 않았더라면 정신의학자가 될 수도 있었을 것이라고 생각한다."

자화상은 미술사에서 혁신적이지만 제대로 인정을 못 받고 있는 한 가지 역할을 맡고 있다. 바로 화가와 모델을 융합한다는 독특한 역할이다. 이에 따라 자화상은 화가에게 자기 검사의 방안을 제공하고 감상자에게 화가의 성격을 언뜻 엿볼 수 있게 한다(West 2004). 그러나 자화상은 다른 온갖 방식으로도 기능을 해왔다. 서명으로도, 화가의 실력을 알리는 광고로도, 기법이나 표현의 실험으로도 쓰였다. 자화상은 15세기 이전에는 드물었다. 그러다가 더 뛰어나면서도 값싼 거울이 등장하면서, 화가와 조각가는 자기 초상 미술을 탐구하기 시작했고, 자기 초상 미술을 통해 평생에 걸친 외모와 특징의 변화를 묘사했다. 특히 알브레히트 뒤러^{Albrecht Dürer}와 렘브란트는 생애의 여러 단계에 걸쳐 달라지는 자신의 모습을 솔직하게 묘사했다.

강력한 이미지는 모호하다

초상 미술을 과학과 관련짓는다는 개념은 미술사학자 알로이스 리글에게서 나왔다. 그는 빈 예술사학파의 두 제자 에른스트 크리스 및 에른스트 곰브리치와 함께 미술사를 심리학과 사회학에 토대를 둔 학문 분야로 정립하고자 애씀으로써 19세기 말에 세계적인 명성을 얻었다.

리글은 미술의 새로운 심리적 측면을 발견했다. 즉 미술이 감상자의 지각적·감정적 참여가 없다면 불완전하다는 것이다. 감상자는 캔버스에 이차원으로 그려진 닮은 모습을 시각 세계의 삼차원 묘사로 전환하고, 자신이 캔버스에서 보는 것을 사적인 관점에서 해석하고, 그리하여 작품에 의미를 덧붙임으로써 화가와 협력한다. 리글은 이 현상을 '감상자의 참여'라고 했다(곰브리치는 나중에 이 개념을 더 다듬어서 '감상자의 몫'이라고 했다). 리글이 내놓은 개념과 당시의 심리학 및 정신분석학에서 나온 개념을 토대로 크리스와 곰브리치는 시지각의 수수께끼에 접근하는 새로운 방식을 고안해 미술 비평에 통합했다.

크리스는 시지각에서의 모호성을 연구했고, 그러면서 감상자가 미술 작품을 완성한다는 리글의 통찰을 정교하게 다듬었다. 크리스는 모든 강력한 이미지가 본래 모호하다고 주장했다. 미술가 자신의 인생 경험과 갈등에서 나오기 때문이다. 감상자는 자신의 경험과 갈등에 비추어서 반응한다. 감상자의 기여 범위는 이미지의 모호함 정도에 따라 달라진다.

크리스가 쓴 모호성이라는 개념은 문학 평론가 윌리엄 엠프슨이 내놓은 것으로서, 그는 "[예술 작품에 관한] 다른 견해들을 진정한 오독 없이 취할 수도 있을" 때 모호성이 존재한다고 했다. 엠프슨은 모호성 덕분에 감상자가 미술가의 마음속에 존재하는 미적 선택, 즉 갈등을 읽을 수 있다는 의미로 말한 것인 반면, 크리스는 모호성 덕분에 미술가가 자신의 갈등과 복잡한 심경을 감상자의 뇌로 전달할 수 있다는 의미로 말한 것이었다.

'순수한 눈'이라는 착각

곰브리치는 크리스의 모호성 개념을 시지각 자체에까지 확장했다. 그 과정에서 그는 뇌 기능의 중요한 원리를 이해하게 되었다. 우리 뇌는 단순히 카메라가 아니라, 창의성 기계다. 바깥 세계로부터 불완전한 정보를 취해서 그것을 완성한다.

눈의 망막에 어떤 이미지가 투영되든 간에 무수한 해석이 가능하다. 따라서 곰브리치가 깨달았듯이(1960) 시지각은 서양 철학이 오랫동안 논쟁해온 더 큰 질문의 특수한 사례일 뿐이다. 물질 대상들의 현실 세계를 우리 감각을 통해 어떻게 알 수 있을까? 영국계 아일랜드 철학자이자 클로인 주교인 조지 버클리George Berkeley는 일찍이 1709년에 이 시각의 핵심 문제를 간파했다. 그는 우리가 물질 대상 자체를 보는 것이 아니라, 대상에서 반사된 빛을 보는 것이라고 썼다(Berkeley 1709). 이 빛은 눈의 수정체를 통해 들어와 망막에 닿는다. 망막은 눈의 안쪽 표면을 덮고 있는 빛을 감지하는 조직층이다. 우리 망막에 투영되는 이차원 이미지는 한 대상의 삼차원적인 모습을 결코 하나하나 다 담을 수 없다. 이 사실, 그리고 그것이 어떤 이미지의 지각을 이해하는 문제에 일으키는 어려움을 역광학 문제inverse optics problem라고 한다(Albright 2013; Purves and Lotto 2010).

버클리가 지적했듯이, 역광학 문제는 망막에 투영되는 모든 이미지가 크기도, 방향도, 관찰자와의 거리도 제각기 다른 대상들로부터 생길 수 있기 때문에 발생한다. 예를 들어 에펠탑의 기념품 모형은 눈 가까이에 갖다대면 마르스 광장 너머에서 보는 실제 에펠탑과 모양과 크기가 똑같아 보일 수 있다. 이렇듯 어떤 삼차원 대상의 이미지가 실제 어떤 원천에서 온 것인지는 본질적으로 불확실하다. 곰브리치는 이 문제를 제대로 이해했고, "우리가 보는 세계는 우리 각자가 다년간에 걸친 실험을 통해서 서서히 구축된 것이다"라는 버클리의 관찰을 인용했다(1960). 버클리가 그렇게 쓴 직후에, 데이비드 흄David Hume과 이마누엘 칸트Immanuel Kant는 이 논리를 시각에서 모든 지각으로 일반화했다. 그들은 현실 세계가 불가피하게 우리와 동떨어져 있고 우리가 간접적으로만 파악할 수 있다고 주장했다.

에드워드 애덜슨Edward Adelson(1993)과 이어서 현대의 두 시각 연구자 데일 퍼브스Dale Purves와 R. 보 로토R. Beau Lotto(2010)는 역광학 문제로 되돌아가서, 우리 지각이 환영 구성물이라면 우리가 어떻게 그렇게 현실 세계에 성공적으로 대응할 수 있는지 물었다. 답은 우리 시각계가 주로 이 근본 문제를 해결하는 쪽으로 진화했음이 틀림없다는 것이다. 우리 눈이 받는 이미지에 어떤 대상을 정확히 재구성하는 데 필요한 정보가 충분히 들어 있지 않다고 해도, 우리는 줄곧 재구성을 해낸다. 어떻게?

이 질문의 답은 19세기의 저명한 의사이자 물리학자인 헤르만 폰 헬름홀츠가 내놓았다. 그는 우리가 두 추가 정보원을 포함시킴으로써 역광학 문제를 푼다고 주장했다. 바로 상향 정보와 하향 정보다 (Adelson 1993).

상향 정보는 우리 뇌 회로에, 세포들 사이의 연결에 내재된 계산 과정을 통해 제공된다. 이 과정을 통해서 우리는 윤곽과 이음부 같은 물질세계에 있는 이미지의 핵심 요소들을 추출할 수 있다. 이 계산은 진화를 통해 우리 뇌에 구축된 타고난 보편적인 규칙들에 따른다. 그 결과 우리 각자의 시각계는 환경으로부터 동일한 핵심 정보를 추출한다. 무수한 모호성이 있음에도, 아이조차도 이미지를 해석할 수 있는 이유가 바로 이 때문이다.

이런 타고난 규칙들 중 상당수는 우리가 당연시하는 것들이다. 예를 들어, 뇌는 우리가 어디에 있든지 간에 태양이 언제나 머리 위에 있다는 것을 알아차린다. 따라서 우리는 빛이 위에서 올 것이라고 예상한다. 그렇지 않다면—착시에서처럼—우리 뇌는 속을 수 있다. 뒤에서 살펴보겠지만, 곰브리치는 뇌가 그런 착시에 어떻게 반응하는지 흥미를 느꼈다.

하향 정보는 예전 경험을 통한 학습, 회상, 미술 작품 등 우리가 마주치는 모든 이미지에 영향을 미치는 연상을 통해 제공된다. 따라서 지각은 학습, 가설 검증, 목표에 토대를 둔 지식, 그러니까 선천적으로 우리 뇌에 갖추어놓지 않은 지식도 통합한다. 우리가 눈을 통해서 받는 감각 정보의 상당 부분은 다양한 방식으로 해석될 수 있으므로, 우리는 추론을 써서 이 모호함을 해소해야 한다. 예를 들어 어떤 사람이 점점 더 커지는 것이 보인다면, 우리는 대개 그 사람이 빠르게 팽창하는 것이 아니라 그저 우리를 향해 다가오고 있다고 결론짓는다. 비록 우리는 자동적으로 그런 결론을 내리는 경향이 있지만, 그러려면 우리 뇌가 시각 자극에만 토대를 두지 않은 어떤 추측을 해야 한다. 우리는 경험을 토대로 우리 앞에 있는 이미지가 무엇인지 추측을 해야 한다. 우리는 시각 가설을 구축하고 그로부터 결론을 이끌어낸다는 것을 평소에 의식하지 못하므로, 헬름홀츠는 가설 검증이라는 이 하향 처리 과정을 무의식적 추론이라고 했다.

헬름홀츠의 놀라운 통찰은 지각에만 국한된 것이 아니다. 하향 처리 과정은 감정과 감정이입에도 적용된다. 유니버시티 칼리지 런던 웰컴 신경영양 센터의 저명한 인지심리학자 크리스 프리스는 이 깨달음을 이렇게 요약했다. "우리는 물질세계를 직접 접하는 것이 아니다. 직접 접하는 양 느껴질 수도 있지만, 그것은 우리 뇌가 일으키는 착각이다."

하향 처리 과정이 감상자의 지각에 미치는 영향을 살펴보던 곰브리치는 '순수한 눈' 같은 것은 없다고 확신하기에 이르렀다. 모든 시지각은 개념을 분류하고 시각 정보를 해석하는 일에 토대를 둔다. 그는 우리가 분류할 수 없는 것은 지각할 수 없다고 주장했다. 이런 깨달음에 자극을 받아서 그는 그 어떤 미술사학자보다도 더 깊이 지각의 심리학을 탐구했다. 그는 빛과 색이 망막에 닿기 때문에, 회화가 그것들에 관심을 갖는 것임을 이해했다. 따라서 이미지를 정확히 재현하려면, 화가는 앞에 놓인 대상에 관해 자신이 아는 모든 것을 싹 지운 뒤, 즉 마음을 빈 석판으로 만든 뒤, 자연이 들려주는 이야기를 기록해야 한다.

리글, 크리스, 곰브리치는 우리 각자가 미술 작품을 볼 때 내재된 상향 시각 처리 과정뿐 아니라 기억도 끌어들인다는 것을 깨달았다. 우리는 전에 보았던 다른 미술 작품들뿐 아니라, 우리에게 의미 있던 장면과 사람을 기억한다. 그리고 미술 작품을 볼 때 우리는 작품을 이런 기억들과 연관짓는다. 이런 식으로 미술가의 신체적·심리적 현실의 모델링은 일상생활에서 우리 뇌에서 일어나는 본질적으로 창의적인 활동과 맞추어진다.

지각에 관한 이런 심리적 통찰은 미술의 시지각과 생물학 사이를 잇는 확고한 토대 역할을 한다.

창의성 기계로서의 뇌

곰브리치는 시지각에 점점 깊이 빠져들다가 미술에서의 모호성에 관한 크리스의 개념에 흥미를 갖게 되었고, 게슈탈트 심리학자들을 통해 유명해진 모호한 형상과 착시를 연구하기 시작했다(카니자 사각형을 포함한 몇 가지 모호한 형상들과 그 해석을 1장에서 논의한 바 있다). 크리스와 곰브리치는 모호성과 감상자의 몫을 연구한 끝에 미술가로서든 감상자로서든 간에 우리가 보는 주변 세계의 내적 표상을 뇌가 생성한다는 결론에 이르렀다. 게다가 이들은 우리 모두가 '심리학자'가 되도록 뇌가 배선되어 있다고 보았다. 우리 뇌는 남의 마음의 내적 표상도 생성하기 때문이다. 남의 지각, 동기, 욕구, 감정의 표상이다. 이런 개념들은 현대 미술 인지심리학의 출현에 큰 기여를 했다.

크리스와 곰브리치는 자신들의 개념이 복잡한 통찰과 추론에 토대를 둔다는 것을 깨달았다. 직접 조사할 수 없으며, 따라서 객관적으로 분석할 수 없는 것들이었다. 이런 내적 표상을 직접 조사하려면, 즉 뇌를 들여다보려면 인지심리학은 뇌 생물학과 힘을 합쳐야 했다.

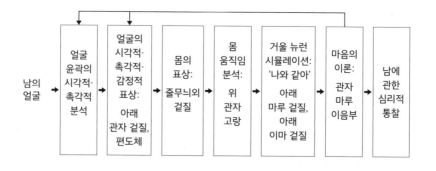

4.2　감상자의 몫에 관여하는 신경 회로의 흐름도. 2장의 그림 2.16을 다시 제시한다.

얼굴 인식의 심리학과 생물학

초상화를 볼 때 우리 뇌는 얼굴의 윤곽을 분석하고, 얼굴의 표상을 형성하고, 몸의 움직임을 분석하고, 몸의 표상을 생성하고, 감정이입을 경험하고, 모델의 마음의 이론을 형성하느라 바쁘다. 이것들은 모두 감상자의 몫의 구성요소들이며, 현대 생물학 덕분에 우리는 이것들을 탐구하는 일을 시작할 수 있다. 그림 4.2는 감상자의 몫에 관여하는 신경 회로들을 내가 개략적으로 그려보고자 시도한 것이다. 이 회로를 따라 분석 지점이 일곱 곳 있으며, 각 지점에 어떤 뇌 영역이 관여하는지를 보여준다.

　한 초상화에 있는 얼굴의 윤곽 분석과 뇌의 얼굴 표상은 감상자의 몫에서 분명 대단히 중요하다. 다행히도 우리는 얼굴 인식의 심리학과 그 토대를 이루는 생물학적 과정에 관해 많이 알아냈다. 먼저 얼굴 인식의 심리학적 측면을 살펴보고 생물학으로 넘어가자.

우리 뇌는 얼굴을 다루는 전문가다. 사실 얼굴 지각은 다른 형상 표상들보다 우리 뇌에서 더 많은 공간을 차지하도록 진화했다. 다윈이 지적했듯이 얼굴, 그리고 얼굴이 전달하는 감정은 모든 인간 상호작용의 열쇠다. 우리는 어느 정도는 상호작용하는 상대가 우리에게 보이는 얼굴 표정을 통해서 상대를 신뢰할지 아니면 두려워할지를 판단한다. 우리는 외모와 얼굴 표정을 보고서 동성과 이성에게 끌린다.

뇌는 얼굴을 다른 대상들과 전혀 다르게 대한다(2장 참조). 이 점을 보여주는 한 가지는 얼굴 인식이 뒤집힘에 유달리 민감하다는 사실이다. 물병을 위아래로 뒤집어도 우리는 여전히 물병임을 알아볼 것이다. 그러나 얼굴은 뒤집으면 알아차리지 못할 수도 있다. 16세기 밀라노 화가 주세페 아르침볼도Giuseppe Arcimboldo는 과일과 채소를 이용해서 그린 얼굴 그림을 통해 이 점을 극적으로 보여주었다(Kandel 2012). 똑바로 놓고 볼 때, 이 그림들은 얼굴을 그렸음을 쉽게 알아볼 수 있지만, 뒤집어 놓으면 그저 과일과 채소가 담긴 그릇으로 보인다(그림 4.3).

얼굴을 어떻게 인식하는가라는 질문에 답하려면, 뇌의 구조를 좀 알아야 한다. 우리 뇌는 네 엽으로 이루어져 있다. 이마엽, 마루엽, 뒤통수엽, 관자엽이다(그림 4.4). 시각 정보는 먼저 뒤통수엽으로 들어온다. 관자엽은 얼굴 표상이 생기는 곳이다. 시각 정보는 우리 눈을 통해 들어온다. 눈 뒤쪽에는 망막이 있으며, 망막의 세포들은 뇌를 향해 긴 축삭을 뻗고 있다. 이 축삭들이 모인 다발이 바로 시신경이다. 시신경은 뇌의 가쪽 무릎핵이라는 영역으로 이어지고, 이 영

4.3 주세페 아르침볼도, 〈채소 기르는 사람The Vegetable Gardener〉(1587~90). 화판에 유채.

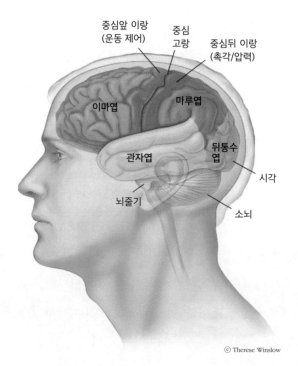

ⓒ Therese Winslow

4.4 네 엽을 보여주는 뇌의 좌반구.

역은 받은 정보를 뒤통수엽에 있는 시각 겉질로 전달한다. 이 정보는 몇 단계에 걸쳐서 처리되며, 단계를 거칠수록 점점 더 복잡한 방식으로 처리된다.

한편, 과학자들은 얼굴맹, 즉 얼굴인식불능증이 있는 사람들을 연구해서 뇌에 생기는 얼굴의 표상에 관해 아주 많은 것을 알아냈다. 이 증상은 1947년 요아힘 보다머가 처음 학계에 보고했는데, 선천적 또는 후천적으로 아래 관자 겉질이 손상되어 나타난다(1장, 그림 1.27 참조). 아래 관자 겉질 앞쪽이 손상된 사람은 얼굴이 얼굴임을 알아볼 수는 있지만, 누구의 얼굴인지는 구별하지 못한다. 아래 관자 겉질의 뒤쪽이 손상된 사람은 아예 얼굴 자체를 알아볼 수 없다. 역설적이게도 얼굴인식불능증이 있는 사람은 그렇지 않은 사람보다 뒤집힌 얼굴을 더 쉽게 알아볼 수 있다. 이는 우리 뇌에 똑바로 놓인 얼굴을 알아보는 일을 전담하는 영역이 있음을 시사한다.

프린스턴대의 찰스 그로스, 이어서 하버드대의 마거릿 리빙스턴, 도리스 차오, 윈리치 프라이월드는 우리 뇌가 어떻게 얼굴을 분석하는지를 알려줄 몇 가지 중요한 발견을 했다. 뇌 영상과 개별 세포에서 나오는 전기 신호의 기록을 조합해서, 이들은 마카크원숭이의 관자엽에서 얼굴이 보일 때 활성을 띠는 작은 영역을 여섯 곳 찾아내어 얼굴반이라고 이름 붙였다. 이들은 사람의 뇌에서도 비슷하지만 더 작은 얼굴반 집합을 발견했다. 1장에서 자세히 다루었듯이, 이런 연구는 원숭이의 얼굴반에 얼굴에만 반응하는 뉴런의 비율이 높다는 것도 보여주었다. 이런 세포는 얼굴의 위치, 크기, 응시 방향뿐 아니라 다양한 얼굴 부위의 모양에도 민감하다.

시각의 계산론적 모델은 얼굴의 몇몇 특징이 대비를 통해 정의
된다고 제시한다(Sinha 2002). 예를 들어, 조명 조건에 상관없이 눈은
이마보다 더 어두운 경향이 있다. 게다가 계산론적 모델은 그런 대
비 특징들이 뇌에 얼굴이 있다고 알리는 역할을 한다고 말해준다.
이 개념을 검증하기 위해서 오헤이온, 프라이월드, 차오(2012)는 얼
굴 특징들의 명암 값을 서로 다르게 설정해서 인위적으로 조작한 얼
굴들을 보여주었다. 그런 뒤 이 인위적인 얼굴에 반응하는 중앙 얼
굴반의 개별 세포의 활성을 기록했다. 연구진은 각 세포가 얼굴 특
징들 사이의 대비에 반응할 뿐만 아니라, 대부분의 세포가 특정한
특징 쌍의 대비에 맞추어져 있다는 것도 발견했다.

이런 선호 양상은 시각의 계산론적 모델로 예측한 결과와 일치한
다. 그러나 마카크원숭이와 계산론적 연구 모두 인위적인 얼굴을 이
용해서 결과를 얻었으므로, 이 결과를 실제 얼굴에까지 확대 적용할
수 있을까라는 질문이 당연히 나온다. 이 의문을 풀기 위해서 오헤
이온 연구진은 많은 다양한 실제 얼굴의 이미지를 보여주면서 세포
가 어떻게 반응하는지 연구했는데, 대비 특징들의 수가 많을 때 세
포의 반응도 증가한다는 것을 알아냈다(2012).

앞서 차오, 모얼러Moeller, 프라이월드(2008)는 얼굴반에 있는 세포
가 코와 눈 같은 몇몇 얼굴 특징들의 모양에 선택적으로 반응한다는
것을 발견한 바 있었다. 오헤이온의 발견은 특정한 얼굴 특징의 선
호가 얼굴 다른 부위들의 상대적인 밝기에 따라 달라진다는 것을 보
여주었다. 중앙 얼굴반에 있는 세포들은 대부분 얼굴 특징들의 대비
와 모양에 반응한다. 이는 중요한 결론으로 이어진다. 대비는 얼굴

검출에 유용하며, 모양은 얼굴 인식에 유용하다는 것이다.

　이런 연구들은 뇌가 얼굴 검출에 쓰는 주형의 본질을 새로운 관점에서 보게 한다. 더 나아가 행동 연구는 뇌의 얼굴 검출 기구와 주의를 담당하는 영역 사이에 강력한 연결 고리가 있음을 시사한다. 이는 얼굴과 초상화가 왜 그렇게 우리의 주의를 강하게 끄는지 이유를 설명해줄 수도 있다.

과학과 미술의 새로운 대화

소크라테스와 플라톤이 인간 마음의 본성을 추측한 이래로, 많은 진지한 사상가들은 자아와 인간 행동을 이해하기 위해 애써왔다. 이전 세대들은 철학과 심리학이라는 지적이면서 종종 비경험적인 것일 때가 많은 기본 틀 안에서 탐구할 수밖에 없었다. 그러나 오늘날 뇌과학자들은 마음에 관한 추상적인 철학적·심리학적 질문들을 인지심리학과 뇌 생물학의 경험적 언어로 번역하려 시도하고 있다.

　여기서 지도 원리는 마음이 뇌가 수행하는 작업들의 집합이라는 것이다. 뇌는 바깥 세계에 관한 우리의 지각을 구축하고, 우리 주의를 고정시키고, 우리 행동을 조절하는 경이로울 만치 복잡한 컴퓨터 장치다. 이 새로운 마음의 생명과학이 품은 열망 중 하나는 마음의 생물학을 미술과 초상 미술 같은 인문 지식 분야들과 연관지어서 우리 자신을 더 깊이 이해하는 것이다. 여기에는 우리가 미술 작품에 어떻게 반응하는지, 그리고 더 나아가 미술 작품을 어떻게 창작하는

지도 포함된다.

그러나 과학과 미술 사이에 대화를 하기란 쉽지 않으며, 특수한 환경이 필요하다. 그런 환경 집합 중 하나가 빈 1900에 조성되었고, 나는 이를 《통찰의 시대》에서 자세히 설명한 바 있다. 20세기에 들어설 즈음 빈은 나름의 사회적 맥락—대학교, 커피집, 살롱—을 제공하는 비교적 작은 도시였다. 이런 곳들에서 과학자와 예술가는 쉽게 생각을 주고받을 수 있었다. 이들의 대화는 과학적 의학, 심리학과 정신분석, 미술사에서 나온 공통의 언어를 통해 이루어졌다. 시지각의 인지심리학과 게슈탈트 심리학도 기여하면서 이 대화는 1930년대까지 이어졌다. 이 대담하면서 성공적인 발전에 힘입어서 인지심리학의 통찰을 지각, 감정, 감정이입, 창의성의 생물학 연구에 적용하려는 시도가 이루어졌고, 그 결과 오늘날 새로운 대화가 진행되고 있다.

마음에 관한 중요한 통찰은 미술가, 심리학자, 과학자뿐 아니라 작가와 시인에게서도 나온다. 각자의 창의적인 노력은 우리의 마음 개념을 정립하는 데 나름 기여를 했으며, 지금도 그렇다. 우리가 어느 한쪽을 선호하고 다른 쪽을 무시한다면, 우리의 마음 개념은 불완전할 것이다. 어쨌거나 무의식적 과정이 무엇인지를 설명하는 일은 프로이트 같은 심리학자가 했지만, 셰익스피어, 베토벤, 오스트리아 모더니스트 같은 예술가들은 그런 무의식적 과정들이 어떤 느낌을 일으키는지를 보여주었다.

과학적 분석은 객관성을 향해, 만물의 실제 본질을 더 정확히 기술하는 쪽으로 나아감을 의미한다. 이는 시각 미술의 경우에는 대상이 우리 감각에 일으키는 주관적 인상이라는 관점이 아닌, 대상에 대한 뇌의 구체적인 반응이라는 관점에서 관찰자의 견해를 기술함으로써 이루어진다. 초상화 같은 미술은 순수한 경험의 증류물로서 이해하는 편이 가장 낫다. 그럼으로써 그것은 마음의 과학을 보완하고 풍성하게 하는 탁월하면서도 바람직한 관점을 제공한다. 어느 한쪽 접근법만으로는 인간 경험의 동역학을 온전히 이해하기에는 부족하다. 우리에게 필요한 것은 제3의 방식, 즉 미술과 과학 사이의 골짜기에 놓여 설명을 해줄 일련의 다리들이다.

그렇다면 공통의 개념과 의미 있는 대화를 어떻게 하면 확대할 수 있을까? 한 가지 방법은 성공한 시도들을 살펴보고 그것들이 어떻게 해냈는지를 알아보는 것이다. 얼마나 오래 걸렸을까? 얼마나 완벽하게 실현되었을까?

우리는 한 분야의 통합이 다른 분야들에 어떻게 긍정적인 영향을 미칠 수 있는지를 물리학과 화학의 상호작용, 그리고 그 둘과 생물학의 상호작용에서 볼 수 있다. 1930년대에 라이너스 폴링^{Linus Pauling}은 양자역학의 물리학적 원리가 화학반응에서 원자가 어떻게 행동하는지를 설명할 수 있음을 보여주었다. 폴링에게 어느 정도 자극을 받아서 화학과 생물학은 수렴되기 시작했고, 이 수렴은 1953년 제임스 왓슨^{James Watson}과 프랜시스 크릭^{Francis Crick}의 DNA 분자 구조 발견으로 정점에 달했다. 분자생물학은 생화학, 유전학, 면역학, 발생학, 세포학, 암생물학, 더 최근에는 분자신경생물학에 이르기까지 예전에 서로 별개였던 분야들을 탁월한 방식으로 통합했다. 이 통합은 다른 분야들에 선례가 되었다. 시간이 더 흐르면 대규모 이론들이 마음의 과학을 포함할 것이라는 희망을 품게 한다.

진화생물학자 윌슨E. O. Wilson은 예전에 정말로 거리가 멀었던 생물학과 인문학 사이의 지식 통합이 가능함을 보여줬다. 그는 대화의 집합인 통섭consilience을 그 토대로 삼았다. 윌슨은 갈등과 해소의 과정을 통해 과학이 발전하고 지식이 획득된다고 주장한다. 행동의 연구인 심리학 같은 모든 모母분야에는 더 근본적인 분야인 반反분야—여기서는 뇌과학—가 있다. 반분야는 모분야의 방법과 주장의 정확성에 도전한다. 그러나 대개 반분야는 너무 협소해서 모분야의 역할을 대체하는 데 필요한 일관된 틀이나 더 풍성한 패러다임을 제공하지 못한다. 심리학이든 윤리학이든 법학이든 간에 모분야는 범위가 더 넓고 내용이 더 심오하고, 결국 반분야를 통합해서 혜택을 본다.

미술과 과학에서 볼 수 있는 것처럼, 이런 관계는 진화하고 있다. 미술과 미술사는 모분야이며, 심리학과 뇌과학은 그 반분야다. 우리는 미술의 지각과 즐거움이 전적으로 뇌의 활성을 통해 매개된다는 것을 살펴보았고, 뇌과학이라는 반분야에서 나온 통찰이 수많은 방식으로 우리의 미술 논의를 풍성하게 한다는 것도 알아보았다. 또우리는 뇌과학이 감상자의 몫을 설명하려는 노력을 통해 얼마나 많은 것을 얻을 수 있는지도 보았다.

그러나 통합의 원대한 전망은 역사적 현실의 탄탄한 인식과 균형을 이루어야 한다. 우리는 인문학과 과학의 핵심 개념들을 연결하는 통일된 언어와 유용한 개념 집합을 진보의 필연적인 결과라고 보기보다는, 통섭이라는 매혹적인 개념을 한정된 지식 분야들 사이의 대화를 여는 시도라고 봐야 한다. 미술의 사례에서 이 대화는 미술가,

미술사학자, 심리학자, 뇌과학자가 서로 생각을 주고받던 유럽의 유명한 살롱들의 현대판을 동반해야 할지도 모른다. 오늘날 생각의 교환은 대학에서 새로운 학제간 연구 센터라는 맥락에서 이루어질 것이다. 현대 마음의 과학이 인지심리학자와 뇌과학자의 논의로부터 출현했듯이, 이제 마음의 과학을 연구하는 이들은 미술가 및 미술사학자와 대화를 할 수 있다.

대화는 마음의 생물학과 미술의 지각이 그렇듯이 연구 분야들 사이에 자연스럽게 협력이 일어날 때, 그리고 목표가 한정되어 있고 관련된 모든 분야들에 혜택이 돌아갈 때 성공할 가능성이 가장 높다. 마음의 생물학과 미학의 완전한 통합이 가까운 미래에 일어날 가능성은 아주 낮지만, 미술의 측면들과 지각 및 감정의 과학의 측면들 사이에서는 양쪽 분야를 계몽시킬 새로운 대화가 계속될 가능성이 매우 높으며, 때가 되면 누적 효과가 나타날지 모른다.

이 대화는 어떤 혜택을 제공할까?

새로운 마음의 과학이 어떤 혜택을 줄 수 있을지는 명백하다. 그 새로운 과학의 목표 중 하나는 뇌가 미술 작품에 어떻게 반응하는지, 우리가 무의식적·의식적 지각, 감정, 감정이입을 어떻게 처리하는지를 이해하는 것이다. 그런데 이 대화가 미술가에게는 어떻게 유용할 수 있을까?

15~16세기에 현대 실험 과학이 태동한 이래로, 필리포 브루넬레스키Filippo Brunelleschi와 마사초Masaccio에서 알브레히트 뒤러와 피터르 브뤼헐Pieter Bruegel, 리처드 세라Richard Serra와 데이미언 허스트Damien Hirst에 이르기까지 미술가들은 과학에 관심을 가져왔다. 레오나르도 다빈

치가 인간 해부학 지식을 써서 사람의 형상을 더 실감나고 정확하게 묘사했듯이, 현대 미술가들은 지각과 감정 및 감정이입 반응의 생물학 지식을 토대로 새로운 미술 형식을 비롯한 창의성의 표현 방식을 창안할 수도 있다.

사실 르네 마그리트^{René Magritte}를 비롯한 초현실주의자들처럼 마음의 비합리적인 양상에 흥미를 느낀 일부 미술가들은 이미 이런 시도를 해왔다. 자기 성찰에 의지해서 마음속에 무슨 일이 일어나는지를 추론하는 방식이었다. 물론 자기 성찰이 유용하면서 필요하긴 하지만, 뇌와 그 활동을 상세히 이해할 수 있는 방법은 아니다. 오늘날의 미술가들은 우리 마음의 측면들이 어떻게 작동하는지를 알려주는 지식으로 전통적인 자기 성찰을 보강할 수 있다.

현재 역사상 처음으로 우리는 신경과학자가 미술가의 실험으로부터 무엇을 배울 수 있는지를, 또한 미술가와 감상자가 예술적 창의성, 모호성, 감상자의 지각적·정서적 반응에 관한 신경과학으로부터 무엇을 배울 수 있는지를 직접 규명할 수 있는 위치에 와 있다. 우리는 이 글에서 초상 미술과 과학이 어떻게 서로를 풍성하게 할 수 있는지를 보여주는 구체적인 사례들을 살펴보았다. 게다가 우리는 지적인 힘으로서의 마음의 생물학, 다시 말해 자연과학과 인문학 사이의 대화가 이끌어낼 가능성이 높은 새로운 지식의 샘으로서의 마음의 생물학이 지닌 잠재력도 살펴보았다. 이 대화는 미술에서든 과학에서든 인문학에서든 간에 창의적 활동을 가능하게 하는 뇌의 메커니즘을 더 잘 이해하도록 도움으로써, 지성사에 새로운 차원을 열 수 있을 것이다.

제5장

입체주의의 도전

감상자의 몫의 한계를 향하여

기존의 회화 너머로 나아가다

당시의 많은 미술가들처럼, 브라크^{Georges Braque}와 피카소도 20세기 초의 전반적인 지적 열기에 영향을 받았다. 이 열기는 현대 과학의 세 측면에 초점이 맞추어져 있었다. 첫째, 지그문트 프로이트의 《꿈의 해석^{The Interpretation of Dreams}》(1900)이 나온 뒤 교양인들은 심리, 즉 마음의 현실 구성물에 매료되었다. 프로이트는 단일한 현실 같은 것은 전혀 없음을 깨달았다. 대신에 우리 마음은 생각들을 자유롭게 떠올리며, 의식적·무의식적 정신 과정은 우리의 세계 경험에 영향을 미친다. 프로이트는 의식적 정신 과정과 달리, 무의식적 과정이 시간과 장소 감각이 전혀 없다고 주장했다(1911). 그는 '일차 과정 사고^{primary process thinking}', 즉 무의식(이드)의 언어와 '이차 과정 사고^{secondary process thinking}', 즉 의식적 마음(에고)의 언어를 구별했다. 이차 과정 사고는 논리적이고 목적적인 반면, 일차 과정 사고는 환상과 현실 그리고 꿈과 각성 상태를 구별하지 못하며, 생각과 행동 그리고 시간과 공간을 동일시한다.

저명한 빈 미술사학자 알로이스 리글(Riegl 1902; Kemp 1999)의 두 제자인 에른스트 크리스와 에른스트 곰브리치는 자신들이 이해한 프로이트의 개념을 미술에 적용했다. 리글은 어떤 미술 작품도 감상자의 참여가 없이는 완성되지 않는다고 주장했고, 나중에 곰브리치는 이 원리에 '감상자의 몫'이라는 이름을 붙였다. 크리스와 곰브리치는 우리가 경험하는 시각 세계가 어느 정도는 우리가 지각하는 것으로부터, 어느 정도는 우리의 시각, 후각, 운동, 촉각의 기억으로부터 구성된다는 개념을 더 정교하게 다듬었다. 따라서 보는 행위는 미술 작품에 감상자가 보이는 반응의 핵심을 이루는 정교하면서 창의적인 정신 과정이다(Kris with Kaplan 1952; Gombrich 1982).

입체파는 감상자의 몫을 미술의 핵심 주제로 만들었다. 곰브리치는 무의식적 마음의 풍부함을 간파한 피카소의 직관적인 통찰이 입체파 화가들에게 "들여다보는 관습을 없애고, 더 나아가 한 그림에서 한 대상의 다양한 측면들을 보여주도록" 자극했다고 주장했다(Gombrich 1960). 입체파 화가들은 시지각이 정교한 정신 과정임을 이해했고, 감상자의 주의와 지각의 다양한 측면들을 참여시킬 방법을 폭넓게 실험했다. 같은 대상을 여러 시점에서 살펴봄으로써, 그들은 공간과 시간에 몇 가지 원근법, 자신의 무의식적 정신 과정에서 밝혀낸 원근법들이 존재함을 암묵적으로 인정했다(Henderson 1988; Shlain 1991; Miller 2001). 따라서 입체파는 심리적으로 새로운 방식으로 미술에 주의를 기울일 것을 요구했다. 평론가 마이클 브렌슨 Michael Brenson은 이렇게 지적했다. "입체파 그림은 끊임없이 새로운 방식으로 스스로를 드러낸다. 끊임없이 변하면서 놀라게 한다"(1989).

　피카소와 브라크를 비롯한 입체파 화가들은 무의식적 정신 과정을 암묵적으로 인식했을 뿐 아니라, 20세기가 시작될 때 일어나고 있던 자연과학의 다른 두 주요 발전도 확실히 알고 있었다. 알베르트 아인슈타인의 일반 상대성 이론과 X선의 발견이다. 아인슈타인의 혁신적인 이론은 시간과 공간의 절대적인 지위를 무너뜨렸고, 모든 준거틀을 동등하게 만들었다. 이는 입체파 미술의 본질적인 개념이기도 했다. 게다가 아인슈타인의 이론을 반대하는 주장—우리 시지각의 현실에 부합되지 않는다는—은 X선의 발견으로 뒤집혔다. X선은 우리 지각이 극도로 제한되어 있음을 보여주었다. 사람 눈의 한계—사실 린다 댈림플 헨더슨 Linda Dalrymple Henderson은 더 폭넓게 "인간 지각의 부족함"이라고 했다—를 보여주는 차원을 넘어서 X선은 대상의 표면 아래의 현실을 보여주었다(1988).

　프로이트의 심리학처럼, 자연과학의 이런 급진적인 개념들도 지식인들 사이에서 널리 논의되었고 신문과 잡지에 자주 실렸다. 피카소와 브라크가 르네상스 이래로 거의 변하지 않았던 특정한 미술 전통으로부터 스스로를 해방시킨 것은 이런 개념들에 자극을 받은 것이 틀림없다(Henderson 1988). 우리는 메트로폴리탄 미술관의 레너드 A. 로더 Leonard A. Lauder 컬렉션에 있는 피카소의 파피에 콜레 papier collé 세 작품에서 이 새로운 정신 과정 개념을 본다. 〈바이올린이 있는 구성^{Composition with Violin}〉, 〈남자의 머리^{Head of a Man}〉, 〈콧수염을 기른 남자의 머리^{Head of a Man with a Moustache}〉(그림 5.1, 5.6, 5.7)다. 파피에 콜레, 즉 종이를 오리거나 찢어서 붙이는 기법은 입체파가 그림의 표면을 평면으로 환원시키는 가장 극단적인 방식이다. 추상적인 형상과 선(주로 일차 과정 사고에 깊이 의존하는 자유 연상에서 나온다)이 그림 속에서 교차하는 가운데, 우리는 〈바이올린이 있는 구성〉에서 해당 악기를 알아볼 수 있고, 〈남자의 머리〉에서 모자를 쓴 얼굴을 식별할 수 있다. 피카소는 〈콧수염을 기른 남자의 머리〉에서는 한 발 더 나아가 우리가 시각적 모호성을 어디까지 처리할 수 있는지 한계를 시험한다.

입체주의 덕분에 화가들은 미술이 무의식적 마음에 존재하는 것과 동일한 방식으로—자연, 시간, 공간과 독립적으로—캔버스나 종이라는 이차원 표면에 존재할 수 있음을 보여줄 수 있었다. 이 새로운 관점은 화가가 자기 눈앞의 세계를 묘사하는 방식을 영구히 바꾸었다. 또한 관람자가 이미지를 감상하는 방식도 바꾸었는데, 이를테면 대상의 윤곽, 관련 대상이나 단어, 제목 등의 단서들에 반응하여 자유 연상을 하는 식이었다. 미술 평론가 카를 아인슈타인^{Carl Einstein}은 이렇게 강조했다. "'입체주의'는 회화 너머 멀리까지 나아간다. (…) 입체주의는 감상자가 마음속에서 상응하는 것들을 창조할 때에만 존속할 수 있다"(Einstein 1923, in Haxthausen 2011). 따라서 입체주의는 미술사에서 감상자의 지각에 가장 근본적인 도전을 제기한 사조일 것이다. 이 도전을 이해하려면, 입체주의를 시지각의 생물학이라는 맥락에 놓고 모더니즘 사상가들이 감상자의 몫을 이해하는 방식이 어떤 식으로 진화했는지를 살펴보는 것이 도움이 된다.

시지각의 창의성

크리스는 각 미술 작품이 모호하며, 감상자에게 저마다 다소 다른 지각적·정서적 반응을 일으킨다고 주장했다. 그는 이렇게 반응에 차이가 나기에, 각 감상자의 뇌가 화가의 뇌에서 일어나는 창의적 과정을 어느 정도 재현한다고 보았다(Kris and Gombrich 1938; Kris and Kaplan 1952). 입체파 미술은 확실히 그렇다. 대상들을 다양한 방식으로 모호하게 표현함으로써 화가의 의도를 유례없는 수준으로 검토하도록 압박한다.

에른스트 곰브리치는 더 나아가서 시지각의 활동 자체가 창의적이라고 주장했다. 이 주장은 영국계 아일랜드인 철학자 조지 버클리에게 영향을 받았다. 버클리는 1709년에 우리가 물리적 대상 자체를 보는 것이 아니라, 대상에서 반사되는 빛을 보는 것임을 이해했다(Berkeley 1709). 따라서 우리 눈의 망막에 투영된 이차원 이미지는 삼차원 대상을 결코 정확히 명시할 수 없다. 이 사실로 인해 이미지의 실체를 이해하기 어려워지는 것을 역광학 문제라고 한다(Albright 2012; Purves and Lotto 2010). 더 나아가 버클리는 역광학 문제가 크기, 방향, 심지어 관찰자와의 거리도 제각각인 대상들이 동일한 이미지를 생성할 수 있기 때문에 일어난다고 말했다. 따라서 어떤 삼차원 대상의 실제 공간적 위치는 본질적으로 불확실하다(Gombrich 1982; 1984).

우리가 세계를 직접적으로 알 수 없는 망막 이미지에 의존한다면, 어떻게 현실 세계에 그토록 성공적으로 반응할 수 있는 것일까?

우리 눈이 대상을 정확히 재구성할 수 있을 만치 충분히 정보를 받지 못하는데도, 우리는 늘 제대로 반응한다. 이 질문의 답은 19세기의 저명한 의사이자 물리학자, 생리학자인 헤르만 폰 헬름홀츠가 개괄적으로 제시했다. 헬름홀츠는 우리가 무의식적인 정보 원천을 두 가지 추가함으로써 역광학 문제를 해결한다고 주장했다. 상향 정보와 하향 정보다(Kandel 2012; Adelson 1993).

상향 정보는 우리 뇌 회로에 본래 들어 있고, 물질 세계로부터 감각 정보를 추출하는 보편적인 규칙을 따르는 계산 과정을 통해 제공된다. 우리는 이런 규칙을 써서 대상, 사람, 얼굴을 식별한다. 또 공간에서의 위치도 확인하고(원근법) 궁극적으로 미묘함, 아름다움, 실용적 가치를 지니는 시각 세계를 구축한다. 에드워드 애덜슨(1993)과 데일 퍼브스 및 R. 보 로토(2010)는 우리 뇌가 불완전한 정보로부터 이미지를 구성할 수 있으므로, 우리 시각계가 정보의 틈새를 보정하도록 진화했을 것이 틀림없다고 주장했다. 예를 들어, 뇌는 우리가 어디에 있든 간에 태양이 언제나 우리 위에 있다고 가정한다. 따라서 우리는 빛이 위에서 온다고 예상한다. 전구가 등장하기 전 수만 년에 걸친 인류 진화 과정에서 믿을 만하게 그래왔기 때문이다. 착시 그림을 접할 때처럼 그렇지 않은 상황이 닥친다면, 우리 뇌는 속을 수 있다.

게슈탈트 심리학자들은 이런 보편적인 시각 처리 규칙을 깊이 분석했다. 이들의 연구는 크리스와 곰브리치에게 큰 영향을 미쳤다. 1910년 베를린에서 시작된 게슈탈트 운동은 시지각 연구에, 따라서 감상자의 몫의 이해에 두 가지 새로운 개념을 도입했다. 게슈탈트는 전체 형태를 뜻하며, 게슈탈트 심리학의 개척자인 막스 베르트하이머Max Wertheimer, 볼프강 쾰러Wolfgang Köhler, 쿠르트 코프카Kurt Koffka가 전체 형태 중 첫 번째로 관심을 가진 것은 전체가 부분들의 합을 초월한다는 것이었다. 그리고 그들의 두 번째 관심사는 우리가 부분들이 아니라 전체를 지각하고 반응하는 능력을 타고난다는 것이었다. 예를 들어, 우리는 얼굴을 각 구성부분들—눈 둘, 코 하나, 입 하나, 그것들을 에워싼 타원 구조—로 이루어진 이미지로서가 아니라 하나의 총체적인 실체로서 본다. 감각적 이미지에 전체론적으로 반응하고 이미지의 어느 부분이 아니라 전체에 의미를 할당하는 능력은 우리에게 내재된 상향 처리 과정의 기능이다.

이 과정의 한 가지 보편적인 규칙은 동일한 호를 따라 놓인 선들은 설령 끊기거나 다른 형상에 가려진다고 해도 같은 대상에 속할 가능성이 높다는 것이다. 이를 '부드러운 연속good continuation' 원리라고 한다. 따라서 나무가 수평선의 일부를 가린다면, 우리는 나무 양쪽에 놓인 두 수평선이 서로 다른 대상에 속한다고 가정하는 대신에 보이지 않는 곳에서 연결되어 있다고 가정한다. 미술심리학자 로버트 솔소Robert Solso는 이 상향 지각이 생득적 지각의 문제라고 했다. "사람들은 어떤 보는 방식을 타고나며, 미술을 비롯한 시각 자극은 처음에 이런 방식에 따라 조직되고 지각된다. 인과 관계의 측면에서 보자면, 생득적 지각은 감각-인지 체계에 '아로새겨져' 있다"(Solso 2003). 뒤에서 말하겠지만, 입체주의는 이 타고난 지각 규칙을 뒤엎는다.

하향 정보는 주의, 기대, 학습된 연상 같은 인지적 영향과 고차원적 정신 기능을 가리킨다. 하향 처리 과정에서 나오는 정보는 상향 처리 과정에서 받는 정보와 충돌한다. 눈을 통해 받는 감각 정보의 상당수가 다양한 방식으로 해석될 수 있으므로, 뇌는 하향 정보를 써서 모호성을 해소해야 한다. 우리는 경험을 토대로 앞에 보이는 이미지의 의미를 추측해야 한다. 우리 뇌는 가설을 세우고 검증함으로써 그렇게 한다. 찰스 길버트Charles Gilbert(2012; 2013)와 톰 올브라이트Tom Albright(2012)가 강조했듯이, 하향 정보는 이미지를 개인의 심리라는 맥락에 놓음으로써, 개인마다 다른 의미를 갖게 한다. 우리는 자신이 시각 가설을 구축하고 그로부터 결론을 이끌어낸다는 것을 대개 의식하지 못하므로, 헬름홀츠는 이 하향 가설 검증 과정을 무의식적 추론이라고 했다.

헬름홀츠와 같은 시대를 살았으며 거트루드 스타인Gertrude Stein의 스승인 미국의 위대한 철학자이자 심리학자 윌리엄 제임스William James는 1890년에 이렇게 썼다. "우리가 지각하는 것 중 일부는 앞에 있는 대상으로부터 감각을 통해 들어오지만, 다른 일부(아마 더 큰 부분일 수도 있다)는 늘 우리 머리에서 (…) 나온다." 지각은 뇌가 바깥 세계로부터 받는 정보를 더 이전의 경험과 가설 검증을 통해 학습한 지식과 통합한다. 우리는 이 지식—반드시 우리 뇌의 발달 프로그램에 들어 있다고 할 수 없는—을 우리가 보는 모든 이미지에 갖다댄다.

미술 작품을 볼 때, 우리는 그것을 앞서 보았던 다른 미술 작품들의 기억뿐 아니라 우리에게 의미 있는 사람과 장면과도 연관짓는다. 어떤 의미에서는 화폭에 담긴 그림이 표현하는 것을 볼 때, 그 그림에서 보게 될 것이 어떤 종류의 이미지일지 미리 알아야 한다. 수 세기 동안 풍경화에 익숙해졌기에 우리는 반 고흐의 후기 인상파 그림의 소용돌이에서 건초 더미를, 또 점묘법으로 그린 조르주 쇠라의 그림에서 들판을 거의 즉시 알아본다. 이런 면에서 화가의 물질적·정신적 현실의 모델 구축 활동은 우리 뇌가 일상생활 속에서 하는 본질적으로 창의적인 활동과 유사하다(Miyashita et al. 1998).

입체주의가 주목한 하향 처리

서양 미술의 역사 내내 상향 처리 과정과 하향 처리 과정이 감상자의 몫에 동일한 수준으로 기여한 것은 아니다. 한 예로, 르네상스 그림을 볼 때, 우리 뇌는 통일된 원근법과 타고난 상향 처리 과정의 규칙에 따라서 이미지를 이해한다(Deregowski 1973). 서양 화가들은 원근법, 단축법, 모델링, 명암법의 요소들을 완벽하게 터득했다. 우리 뇌가 망막에 비친 이차원 평면 이미지의 삼차원 원본을 추론할 수 있도록(우리 생존에 매우 중요한 능력) 진화한 도구들이다. 사실 고전주의 화가들이 원근법, 조명, 형상 쪽에서 한 실험들—초기 서양 구상화가에서 인상파, 야수파, 표현주의 화가들에 이르는—은 상향 처리를 일으키는 선천적인 뇌 과정들을 직관적으로 재현한다고 주장할 수도 있다.

입체주의는 우리 시각계에게 우리 뇌가 재구성하도록 진화한 유형의 이미지와 근본적으로 다른 이미지를 재구성하라고 압박하기 때문에, 감상자에게 엄청난 도전과제를 제시한다. 원근법을 해체하고 같은 대상을 몇 가지 다른 관점에서 보여줌으로써, 입체파 미술은 뇌에 새로운 상향 처리 논리를 내놓거나 하향 처리로 상향 처리를 아예 짓누르라고 요구한다. 감상자에게 다양한 대상들과 생각들 사이를 쉽게 연관짓고 시간이나 공간이 전혀 필요하지 않은 일차 과정 사고를 논리적이고 시공간 좌표를 필요로 하는 이차 과정 사고로 대체할 것을 요구한다. 카를 아인슈타인이 지적했듯이, 입체주의는 우리의 정상적인 지각 관습을 왜곡한다. 시각 미술은 더 이상 시각 뇌의 활동과 비슷하지 않다. "입체주의는 시각의 게으름 또는 피곤함을 종식시킨다. 보기는 다시금 능동적인 과정이 된다"(Einstein 1931, in Haxthausen 2011).

피카소와 브라크는 이미 분석적 입체주의Analytic Cubism를 통해 상향 처리 과정을 혼란에 빠뜨린 바 있었다. 이어서 종합적 입체주의Synthetic Cubism를 통해 그들은 크게 오리거나 찢은 색지나 인쇄지—신문지, 광고지, 벽지 등—를 구성에 포함시켜서 미술에서 하향 처리 과정의 역할을 재정의했다. 이런 새로운 기성품 재료는 추가 내용을 전달한다. 그 자체가 문화적으로 알아볼 수 있는 인공물이기 때문이다. 오려낸 신문이 한 예다. 20세기 초에 정보의 수요 증가로 처음으로 일간 신문이 대중 매체가 되었고(Mileaf and Witkovsky 2012), 신문은 파리 생활의 중심이 되었다(Brodie with Boxer 2012). 신문 쪼가리를 붙임으로써 피카소와 브라크는 새로운 미술 경험을 제공하려는 자신들의 시도를 파리 독자—그리고 감상자—의 물리지 않는 새로운 지식 욕구와 결합했다. 독자와 감상자는 지식을 신문을 통해 얻었는데, 그림에 붙인 인쇄물 쪼가리를 반복해서 보고 인쇄물로 지각하는 것만으로도 신문임을 알 수 있었다. 이 조합은 감상자의 주의를 사로잡았고, 이미지가 제시되는 방식을 이해하기 위해서 더욱 큰 하향 처리 과정을 요구했다.

분석적 입체주의는 여러 원근법의 관점에서 대상을 떠올리도록 대상의 작은 면들을 재조립한 반면, 종합적 입체주의는 예외가 약간 있긴 하지만 삼차원 공간의 마지막 남은 흔적까지도 제거했다. 피카소는 종잇조각을 이용한 이미지를 구성할 때, 〈바이올린이 있는 구성Composition with Violin〉(그림 5.1)에서처럼 모양을 떠올리게 하거나 대상의 기능이나 재료와 관련된 단어나 그래픽 요소를 써서 대상을 암시했다. 그는 시각적 재현으로서가 아니라 우리가 대상을 개념화하는

5.1   파블로 피카소, 〈바이올린이 있는 구성〉(파리, 1912). 흰 종이에 오려 붙인 신문, 흑연, 목탄, 잉크

방식의 일부 또는 단서로서 요소들을 조합했다. 악기의 콜라주는 우리 눈 못지않게 우리 뇌의 반영이 된다. 〈바이올린이 있는 구성〉에서 볼 수 있듯이, 피카소는 환영적 재현의 과정 자체에 도전하면서도 그 개념을 고수했다. 예를 들어 그는 전통적인 명암법을 써서, 종이를 붙여 만든 형상의 오른쪽을 돋을새김처럼 보이게 했다. 파피에 콜레 이미지에 쓰인 오려붙인 재료들은 시각적 요소뿐 아니라 새로운 촉각적 요소도 추가한다. 역설적이게도 두 번째 미적 요소, 즉 촉각의 도입으로 이런 작품들은 더욱더 착시 효과를 일으킨다.

〈바이올린이 있는 구성〉에서 신문 조각(《르 저널》을 오린 것)의 윤곽은 바이올린의 윤곽을 따르지 않지만, 그래도 다소 바이올린과 비슷한 모양이다. 다른 원근법에서 본 바이올린을 나타내는 듯하다. 게다가 바이올린의 구부러진 옆면은 얼굴의 구부러진 윤곽을 닮았으며, 줄걸이는 입을 닮았다. 사실 직사각형 바이올린도 얼굴을 닮았으며, 위쪽에 그려진 반원이 눈에 해당한다. 악기의 목(코)이 반원을 갈라서 두 눈을 만들고, 그 아래 브리지의 모양이 입을 만든다. 두 f홀은 보조개를 이룬다! 바이올린과 얼굴 사이를 전환하려면 주의가 필요하고 감상자의 참여가 증가한다. 곰브리치의 흥미를 끌었던 유명한 오리-토끼 이미지가 떠오른다(그림 5.2).

이 이미지의 왼쪽에 먼저 초점을 맞춘다면, 오리의 부리와 그 오른쪽에 놓인 머리가 보인다. 이제 오른쪽에 초점을 맞춘다면, 토끼의 머리와 그 왼쪽에 달린 귀가 보인다. 의식적으로 주의를 집중하는 데에는 한계가 있고 하향 지각 가설 생성은 자동적으로 이루어지므로, 우리는 토끼든 오리든 한 번에 한쪽 이미지만 볼 수 있고, 결

5.2　오리-토끼 그림. 1장의 그림 1.21을 다시 제시한다.

코 양쪽을 동시에 볼 수 없다. 이미지의 한 가설을 받아들이면, 다른 가설은 자동적으로 배제된다(Gregory and Gombrich 1973). 이 이미지의 흥미로운 점은 지면의 시각 정보 자체에는 변화가 없다는 것이다. 변하는 것은 우리의 주의 초점 변화로 촉발되는 이미지의 해석이다. 앞서 살펴보았듯이, 해석은 시지각에 내재된 것이지만, 입체파 미술의 지각에는 특히 더 중요하다. 이 미술은 하향 처리 과정에 심하게 의존하기 때문이다.

피카소의 얼굴 묘사의 진화

피카소와 브라크의 입체파 미술에서—아니 사실상 모든 서양 미술에서—얼굴이 다양한 형태로 자주 등장하므로, 얼굴이 왜 그렇게 중요한지, 얼굴 인식이 상향 처리와 어떻게 관련이 있는지, 입체파 화가들이 얼굴 묘사를 어떻게 변형시켰는지를 탐구할 필요가 있다. 세계의 모든 대상들 중에서 얼굴은 생물학적 관점에서 볼 때 가장 특별하다. 찰스 다윈이 처음에 지적했듯이, 우리는 얼굴을 통해 서로를 그리고 자기 자신을 알아본다(1872). 게다가 우리는 사회적 동물이므로 생각과 계획만이 아니라, 얼굴을 통해 감정도 주고받는다. 얼굴 표정을 짓고 남의 얼굴 표정을 읽는 능력은 학습하는 것이 아니라 타고나는 것이며, 우리 뇌는 얼굴을 다른 모든 대상들과 다르게 취급한다. 얼굴 인식은 뒤집힘에 특히 민감하다. 우리는 뒤집힌 얼굴을 알아보기 어려워할 뿐 아니라, 대부분의 상황에서 뒤집힌 얼굴의 표정 변화도 알아보지 못한다.

이 맥락에서 보면 피카소의 입체파 시기에 그의 얼굴 묘사가 어떻게 진화했는지를 추적하는 것이 도움이 된다. 1905~1906년에 그린 비범한 거트루드 스타인 그림(그림 5.3)에서, 피카소는 인물을 단순한 덩어리들로 환원시켰다. 얼굴에는 크고 일그러지고 무거운 눈꺼풀을 지닌 눈과 지나치게 큰 눈썹이 그려져 있다. 그가 당시 관심을 갖게 된 이베리아 조각이 반영된 결과였다. 과장된 스타인의 눈썹과 눈꺼풀은 피카소가 캐리커처와 과장을 받아들였다는 것도 알려준다. 그는 입체파 단계에서 이런 장치들을 반복해서 썼다. 애덤 고프닉Adam Gopnik이 주장했듯이(1983), 캐리커처는 입체주의의 진화에 중요한 역할을 했다. 동시에 스타인의 초상화는 공간적 깊이도 설득력 있게 뚜렷이 보여주고 있으며, 우리는 이 그림이 개인의 초상화임을 전혀 어렵지 않게 알아볼 수 있다.

4년 뒤 피카소는 거래하는 화상 두 명인 앙브로즈 볼라르Ambroise

5.3   파블로 피카소, 〈거트루드 스타인Gertrude
Stein〉(1905~6). 캔버스에 유채.

Vollard(그림 5.4B)와 다니엘 헨리 칸바일러Daniel-Henry Kahnweiler(그림 5.5)의
초상화를 분석적 입체주의 양식으로 그렸다. 볼라르의 초상화는 프
리즘 같은 작은 면들로 이루어져 있지만, 우리는 그의 얼굴을 얼굴
로서 알아본다. 정면을 향해 있고 얼굴의 모든 구성요소들을 지니기
때문이다. 게다가 비교용 사진(그림 5.4A)에서 우리는 볼라르라고 알
려진 사람을 알아본다. 피카소가 그린 몇 가지 특징들이 볼라르 얼
굴의 독특하면서 식별되는 요소들을 잘 포착하고 있기 때문이다.

　피카소는 그림에 담긴 사람의 얼굴을 우리가 인식할 때 뇌의 상
향 정보 처리 과정이 가동된다고 올바로 추정했다. 그 뒤에 작동하
는 하향 처리 과정은 기억에 쌓인 일련의 대뇌 스냅 사진들이 아니

5.4A

브라사이Brassai(줄러 헐러스 Gyula Halasz), 〈고양이와 함께 사무실에 있는 앙브로즈 볼라르Ambroise Vollard in His Office with His Cat〉(1934).

5.4B

파블로 피카소, 〈앙브로즈 볼라르〉(1910).
캔버스에 유채.

5.5 파블로 피카소, 〈다니엘 헨리 칸바일러〉
(1910, 가을). 캔버스에 유채.

라, 우리 뇌에 그 사람의 추상적 표상으로서 저장된 두드러지면서
의미 있는 특징들에 토대를 둔다.

　대조적으로 피카소의 칸바일러 초상화(그림 5.5)는 감상자에게 얼
굴의 구성요소들을 재배치한 더 부담스러운 이미지를 보여준다. 우
리의 하향 처리 과정은 바깥 세계의 의식적 지식뿐 아니라 무의식
적 지식 면에서도, 평소보다 더 강한 의미를 탐색해야 한다. 사실 제
목이 없다면, 우리는 이 이미지가 초상화임을 확신하기 어려울 것이
다. 캔버스의 위쪽 3분의 1에 주의를 집중해야만 우리는 얼굴을 식
별할 수 있다. 일단 얼굴이라는 가설을 받아들인다면, 우리는 두 눈
과 코, 입이나 콧수염으로 기능할 수도 있는 곡선을 하나 알아볼 수

있다.

피카소의 칸바일러 초상화는 주의가 시지각에서 매우 중요한 역할을 함을 보여주는 탁월한 사례다. 입체파 미술의 지각에서는 특히 그렇다(Baxandall 1910). 오리-토끼 이미지처럼, 한 이미지에 주의를 집중할 때 우리는 그 이미지가 무엇인지를 식별할 뿐 아니라, 그 이미지가 다른 무엇일 수 있다는 대안 가설들을 배제한다. 여기서 우리는 헬름홀츠의 하향 과정이 작동하는 것을 본다. 일단 가설을 형성하면, 그 이미지는 더 이상 모호하지 않다.

선화에서는 알아보기 더 쉽도록 얼굴 특징이 약간 과장되어 있다. 크리스와 곰브리치는 만화가들이 쓰는 과장된 얼굴 표현이 성공하는 이유가 우리 뇌가 그런 과장에 특히 잘 반응하기 때문이라고 주장했다. 〈남자의 머리〉(그림 5.6)에서 삼차원 질량과 부피가 없음에도, 우리는 중앙에 놓인 눈, 양쪽에 놓인 두 귀, 더 아래 놓인 작은 입, 왼쪽을 향한 두드러진 코를 지닌 얼굴의 곡선을 알아볼 수 있다. 코는 오른쪽에 그림자를 드리움으로써, 평면 이미지에 삼차원이라는 인상을 심어준다.

그러나 여기서 우리 뇌는 언뜻 볼 때는 서로 거의 또는 전혀 관계가 없는 듯하며 시간이나 공간 감각도 전혀 전달하지 않는 이미지를 여전히 탐구해야 한다. 진실은 표면 아래 묻혀 있다. 그 결과 상향 과정, 내재된 원근법과 게슈탈트 규칙을 따르는 과정은 우리를 도울 수 없으며, 우리의 하향 정신 과정은 의미를 추출하기 위해서 추가로 더 열심히 일해야 한다. 게다가 파피에 콜레의 두 띠—나무 무늬와 신문—는 이 인위성의 본질에 관한 교묘한 논평을 더한다. 이 작

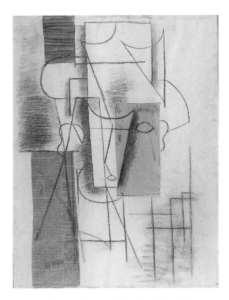

5.6 파블로 피카소, 〈남자의 머리〉(파리, 1912).
흰 종이에 목탄, 수채, 오려 붙인 신문, 회색
종이.

품은 미술이 더 이상 반사된 빛이 망막에 쏟아 붓는 이미지의 기록
이 아니라고 말한다. 지적인 하향 탐험의 결과라는 것이다.

'콧수염 남자' 그림을 읽는 법

〈콧수염을 기른 남자의 머리Head of a Man with a Moustache〉(그림 5.7)에서 피카
소는 시각적 모호성을 처리하는 우리 능력의 한계를 시험한다. 우리
눈에는 얼굴의 절반만 보이며, 달려 있는 한쪽 귀가 얼굴의 윤곽임
을 알려준다. 콧수염은 윗입술이 아니라 턱 아래에 있다. 아니면 콧

5.7　파블로 피카소, 〈콧수염을 기른 남자의 머리〉(1913). 신문에 잉크, 목탄, 흑연.

수염 아래 놓인 작은 사각형을 입이라고 볼 수도 있다. 이런 시각적 모순은 우리가 타고난 얼굴 지각 규칙에 위배된다. 이 드로잉에는 어떤 기능을 하는지 불확실한 애매한 직선들도 몇 개 있어서, 우리를 더욱 혼란스럽게 만든다. 또 거꾸로 놓은 신문을 배경으로 바로 놓인 이미지를 뇌가 읽어야 하기에 상황은 더욱 복잡해진다. 피카소는 어떤 음영도 원근법도 없이 한 얼굴의 다양한 구성요소들—머리 옆쪽, 귀 하나, 콧수염, 입—을 동시에 보여준다. 우리의 상향 과정은 실패하며 하향 과정은 서양 미술의 역사에서 유례없는 도전 과제에 직면한다.

피카소가 신문의 한 면에 남자의 얼굴을 그렸기 때문에, 우리는 이미지의 다양한 요소들이 서로 어떻게 관련을 맺고 그것들이 무엇을 뜻하는지 알려줄 시각적·언어적 단서들을 지닌다. 이런 단서들은 우리를 기쁘게 하면서도 혼란스럽게 한다. 우선 그림은 개인 위생에 '필수적'이라고 권하는 화합물인 스크럽스 암모니아 광고가 실린 《엑셀시오르》 신문을 거꾸로 놓고 그렸다. 그러나 피카소 콜라주의 특징인 중의적 의미를 염두에 두고 보면, 유독하고 해로운 암모니아를 프랑스인의 콧수염을 적절히 관리하는 데 필수적인 용품이라고 보기는 어렵다. 피카소는 장난하듯이 두 전혀 다른 유형의 대상들 사이에 대화를 이끌어낸다. 누구나 알아볼 수 있는 신문 광고와 콧수염을 기른 남자의 드로잉 사이에 말이다. 사실 피카소는 신문에 담긴 정보와 윤곽선 사이에 몇 가지 미묘한 대응이 이루어지도록 선을 그렸다. 예를 들어, 위아래가 대칭적으로 불룩한 남자의 귀는 단어 '스크럽스 Scrubb's'의 B가 뒤집힌 거울상이다(Rubin 1989). 우리는 윤곽선 자체에서도 비슷한 시각적 놀이가 펼쳐지는 것을 본다. 콧수염을 기른 남자의 머리는 마찬가지로 얼굴일 수 있으며, 더 나아가 '원본' 남자와 콧수염까지 공유할 수도 있을 더 큰 원에 투영되어 있다.

아마 이 이미지에서 하향 처리 과정의 가장 극단적인 사례는 일차 머리의 오른쪽과 아래 부분에서 찾을 수 있을 것이다. 이 쌍쌍이 (주로) 수직으로 그어진 선들은 옆에서 본 의자처럼 보일 수도 있다. 아마 의자의 여러 부위에 머리의 일부가 기대어져 있는 듯도 하다. 또는 의자의 직사각형 형상을 머리가 기대고 있는 팔이나 손으로 볼 수도 있다. 평범한 감상자는 대개 의자를 볼 가능성이 높지만, 피카소가 도식적으로 머리를 환원시키는 방식에 친숙한 학자와 전문가는 그가 의자에 놓인 머리를 묘사한 것이 아니라고 반박하면서 다른 해석을 모색할 수도 있다. 따라서 〈콧수염을 기른 남자의 머리〉는 감상자의 몫—감상자가 미술 작품에 동원하는 지식, 경험, 기억—이 모호한 이미지에 어떻게 서로 전혀 다른 개념을 구축할 수 있으며, 더 나아가 이런 이해 방식이 어떻게 화가가 의도한 가능한 독법들의 범위에 들어맞을지 아닐지를 보여주는 완벽한 사례다.

피카소는 파피에 콜레 작품들에서 원근법과 전체 묘사를 제거함으로써 상향 시각 처리 과정의 구성요소들을 해체했을 뿐 아니라, 상향 처리 과정의 토대가 되는 전제 자체를 무효화했다. 우리는 잘린 선들 사이를 연결하는(부드러운 연속) 게슈탈트 심리학자로서 알아볼 수 있는 윤곽과 대상이 있는지 살피면서 입체파 그림을 훑는다. 그러나 잘린 선들이 난무하는 대다수 작품들에서 우리의 노력은 좌절된다. 그런 작품은 아예 존재하지 않을 때가 많은 새로운 상향 처리 규칙을 요구하며, 창의적이면서 폭넓은 하향 처리 과정을 통해 보완되어야 한다.

   곰브리치는 19세기 영국 미술 평론가 존 러스킨John Ruskin의 순수한 눈 개념을 비판하면서, 지각이 하나의 감정이 아니라 현재 우리가 세계의 능동적 하향 재구성이라고 부르는 것을 수반하는 학습된 행위라고 주장했다. 그러나 우리가 타고난 상향 처리 과정을 혼란에 빠뜨린다는 의미에서, 입체주의는 순수한 눈을 복원시켰다. 더 넓게 보면 입체주의는 미술 작품에 새로운 방식으로 반응할 기회를 제공함으로써, 우리가 더 뒤의 미술 실험들에 더 수월하게 반응할 수 있도록 했다. 20세기 초에 빈 미술사학자 리글은 예술가가 사는 역사적 시기에 따라 결정되는 예술적 욕구를 가리키는 예술 의욕kunstwollen이라는 개념을 내놓았고(Kemp 1999), 이 원리를 예술사의 다양한 재현 양식들을 분석하는 수단으로 발전시켰다. 피카소와 브라크의 작품은 입체주의가 감상자의 반응도 나란히 발전할 것을 요구한다는 점을 명확히 보여준다. 즉 지금 시대에 적합하게 감상자의 몫도 변화할 것을 요구하는 것이다.

제6장

조각에 대하여

회화와의 비교

시각 미술, 즉 회화와 조각은 지각 경험을 풍성하게 하고, 그럼으로써 우리가 결코 마주칠 일이 없었을 수도 있는 세계의 대상들에 우리를 노출시켜서 삶도 풍성하게 한다. 우리에게 정보를 주고 계몽시킬 뿐 아니라 마법으로 매혹시킨다.

이 에세이는 주로 조각의 매력에 초점을 맞춘다. 조각을 의미 있는 맥락에 놓기 위해서 나는 논의를 세 부분으로 나눌 것이다. 먼저 조각의 기원과 초기 역사를 짧게 살펴본다. 이어서 우리가 조각과 회화를 왜 그렇게 다르게 지각하는지를 논의한다. 마지막으로 메트로폴리탄 미술관에 전시된 조각품 여섯 점을 동시대의 회화 여섯 점과 비교하려 한다.

조각의 짧은 역사

조각은 가장 오래된 미술이다. 지금까지 알려진 가장 오래된 조각품은 기원전 약 4만~3만 년 후기 구석기 시대 오리냐크 문화의 것이다. 최초의 동굴 벽화보다 약 1만 년 더 앞섰다. 게다가 회화에 쓰인 재료보다 훨씬 더 오래가는 돌에 새겼기에, 조각은 고대 문화의 시각 미술 작품 중에서 가장 많이 남아 있다.

오리냐크 문화의 조각은 아마 의식 행사용이었을 것이다. 현재 남아 있는 가장 오래된 조각품은 이 점을 명백히 보여준다. 바로 홀레펠스의 비너스로서, 기원전 약 3만 5000년에 매머드 엄니를 조각한 여성상인데, 다산의 여신으로 여겨진다(그림 6.1). 두 번째로 오래된 다산의 여신상은 풍만한 여성의 모습인 빌렌도르프의 비너스(그림 6.2)로서, 기원전 약 2만 4000년에 석회암을 깎아 만들고 붉은 오커를 칠한 것이다. 이 여신상들은 얼굴이 없으며, 여성의 몸을 다소 투박하게 과장해서 표현했다. 음문, 가슴, 부푼 배가 두드러지며, 이는 다산 및 임신과 깊은 관련이 있음을 시사한다.

각각 2008년과 1908년에 발견되고 이름이 붙여진 이 두 조각상뿐 아니라, 다산과 관련된 조각상은 100점 넘게 발견되었다. 이 상들은 일반적으로 비너스상이라고 하며, 여성 생애의 모든 단계들을 보여준다. 사춘기, 성인, 임신, 출산 단계다.

흥미롭게도 남성의 다산성을 상징하는 유물 중에는 기원전 1만 8000년의 것이 가장 오래되었다고 알려져 있는데, 조각상이 아니다. 발기된 상태로 자고 있는 남성을 그린 동굴 벽화다(그림 6.3).

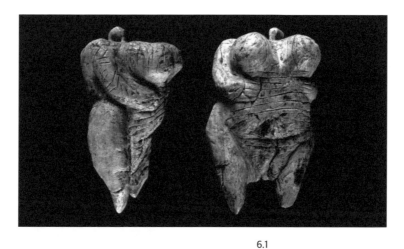

6.1

가장 오래된 조각상, 홀레펠스의
비너스Venus of Hohle Fels, 기
원전 3만 5000년경.

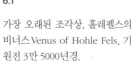

6.2

빌렌도르프의 비너스Venus of
Willendorf, 기원전 2만 4000
년경.

6.3

최초의 남성 다산의 상징: 프랑스 라스코 동굴 벽
에 그려진 잠자는 남성, 기원전 1만 8000년경.

기원전 4500~3000년, 이집트 문명의 여명기에 최초로 만들어진 조각상들도 다산의 상징이었다. 초상 조각은 좀 더 나중에 파라오가 자신을 본뜬 상을 만들게 하기 시작하면서 등장했다. 아마 영생을 누리려는 마음으로 만들었을 것이다(그림 6.4). 이런 조각들은 계급 차이를 보여주었다. 파라오와 왕비는 덜 중요한 인물들보다 언제나 더 크게 새겨졌다.

전성기의 이집트 조각은 놀라울 만치 실물 같았다. 기원전 1345년에 만들어진 네페르티티 왕비의 고상한 모습이 잘 보여준다(그림 6.5).

6.4
이집트 파라오 멘카우레와
왕비의 초상 조각,
기원전 2500년경.

6.5 이집트 네페르티티 왕비의
초상 조각, 기원전 1345년경.

6.6 〈밀로의 비너스〉, 기원전 130~100년경.

사람을 실감나게 묘사하는 기법은 그리스에서 더욱 발전했다. 〈밀로의 비너스Venus de Milo〉(그림 6.6)에서 보듯이 고대 그리스인은 신을 기리기 위해 조각상을 만들었다. 〈밀로의 비너스〉는 미와 사랑의 여신인 아프로디테를 묘사한 것이라고 여겨진다. 더 뒤의 고전 시대에 그리스 조각은 대칭, 비례, 균형의 원리를 강조하면서 점점 더 자연주의적인 양상을 띠었고, 남신과 여신뿐 아니라 인간 남녀도 묘사하기 시작했다.

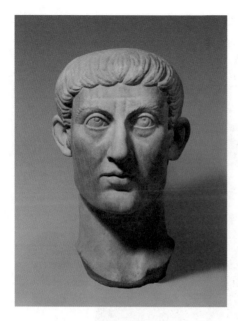

6.7

로마 황제 콘스탄티누스의 초상 조
각, 325~370년경.

로마 조각은 그리스 조각에 강하게 영향을 받았지만, 나름 중요
한 독창적인 특징들을 지녔다. 최고의 로마 조각은 극도로 실감나는
초상 조각들이다. 인간을 더 이상화한 대다수의 이집트와 초기 그리
스 조각들과 달리, 로마 조각의 인물 묘사는 철저히 현실적이다. 로
마 초상 조각의 탁월한 사례는 기독교로 개종한 첫 황제인 콘스탄티
누스 대왕의 이미지다(그림 6.7).

그리스와 로마의 조각은 2천 년 동안 대다수의 서양 조각에 계속
영향을 미쳤다. 초기 기독교인은 읽지도 쓰지도 못하는 신도들에게
악이 존재함을 상기시키기 위해 교회를 악마상으로 장식했다(그림
6.8).

에른스트 곰브리치(1967)는 회화와 조각을 논의하면서, 르네상스

6.8　파리의 고딕 대성당 노트르담의 가고일, 1163~1345년.

때 미술의 목적 자체가 변했음을 지적했다. 더 이전에는 미술의 주요 기능이 '이야기하기'이고, 이야기를 전달하는 미술적 수단은 부차적인 역할을 한 반면, 조각가 조반니 다 볼로냐^{Giovanni da Bologna}(잠볼로냐^{Giambologna})는 새로운 시대가 왔음을 알렸다. 그의 일차적인 목적은 한 가지 기술적인 문제를 해결하는 것이었다. 어떻게 하면 하나의 대리석 덩어리를 깎아서 나체 인물 몇 명의 상호작용을 보여줄 수 있을까 하는 것이었다. 그는 몇몇 매우 커다란 대리석상에서 탄복할 만치 이 일을 해냈다. "구시대의 쇠퇴, 젊음의 힘, 여성의 우아함"(Borghini 1584)을 보여주는 이 작품(그림 6.9)도 그중 하나다.

　이 조각이 완성된 지 2년 뒤에 위의 평을 쓴 보르기니^{Borghini}는 조각가가 "쇠약한 노인에게서 가장 아름다운 여성을 빼앗는 오만한 젊은 남성으로 이루어진 무리 외의 다른 어떤 특별한 주제를 제시하지

6.9　조반니 다 볼로냐, 〈겁탈당하는 사비니 여인들〉(1574~82), 피렌체.

않은 채 오로지 자기의 탁월한 솜씨를 보여주기 위해서" 이 작품을 만들었다고 했다. 조각을 완성한 뒤에야 비로소 조반니 다 볼로냐는 〈겁탈당하는 사비니 여인들The Rape of the Sabine Women〉이라는 이름을 붙였 다. 곰브리치가 지적했듯이, 이 조각은 "피렌체를 방문하는 모든 사 람이 보았고, 오로지 자신이 예술적 문제를 풀 수 있음을 보여주겠 다는 창작자의 욕망에서 탄생했다".

조각은 회화와 어떻게 다른가

조각과 회화의 가장 명백한 차이는 조각이 삼차원인 반면, 회화는 평면, 즉 이차원이라는 것이다. 앞서 말한 고대 이집트 네페르티티 왕비의 조각상(그림 6.5)과 약 한 세기 더 뒤에 나온 네페르타리 왕비의 그림에서 그렇다는 것을 볼 수 있다(그림 6.10). 또 다른 주요 차이점은 회화가 부가적이어서 계속 수정을 할 수 있는 반면, 조각은 감산적이라는 것이다. 즉 일단 깎아내면, 결코 덧붙일 수 없다.

조각과 회화를 비교할 때 우리는 차원이라는 상식적인 차이에서 시작하지만, 조각은 단순히 다면적인 그림이 아니다. 사실 우리는 조각을 회화와 다르게 지각한다. 우리는 태어날 때부터 삼차원 형상의 세계와 밀접한 관계를 맺는다. 그 결과 형상의 구조와 표현적 특

6.10   이집트 네페르타리 왕비의 그림, 기원전 13세기.

성에 관해 무언가를 배우며, 그것들에 감정 반응을 일으키게 된다. 이 이해와 예민한 반응의 조합을 형태 감각 sense of form 이라고도 하는데, 함양하고 다듬을 수 있다. 조각은 우리의 형태 감각에 호소한다. 게다가 우리가 주변 공간을 지각하는 방식에도 영향을 미치므로, 조각은 조각적 존재감 sculptural presence 이라고 하는 외향적 특성을 지닌다.

조토에서 인상파 화가에 이르기까지 서양 회화는 조각적 존재감의 착시를 일으키는 쪽으로 점점 더 성공을 거두었음을 보여준다. 이런 회화의 성공은 화가가 원근법, 단축법, 모델링, 명암법의 요소들을 숙달하는 능력에서 나온다. 자신이 삼차원 이미지를 보고 있다고 감상자에게 믿게 만드는 요소들이다.

시각은 회화와 조각 양쪽으로 지각의 토대이지만, 조각은 회화보다 더 강력한 촉각과 운동 감각을 동원할 것을 요구한다. 설령 우리가 실제로 조각을 만지지 않는다고 해도, 조각은 우리에게 만지고자 하는 욕구와 접촉 감각을 불러일으킨다. 따라서 조각을 볼 때, 우리의 시각은 접촉, 압력, 움켜쥠의 감각으로 번역된다. 사실 일부 미술 사학자와 과학자는 조각을 일차적으로 촉각 미술이라고 봐야 하며, 우리가 조각에 끌리는 것이 사물을 만지작거리면서 경험한 즐거움에 뿌리를 두고 있다고 주장한다. 촉각의 미학을 설파한 위대한 계몽주의자 요한 고트프리트 헤르더 Johann Gottfried Herder 는 촉각이 오감 중에서 가장 믿음직하고 근본적이라고 주장했다. 촉각은 시각의 토대이자 담보자다. "시각의 관점에서는 꿈인 것이 촉각의 관점에서는 진리다"(Herder in Gaiger 2002).

최근에 우리는 시각과 촉각이 밀접한 관련이 있음을 알아냈다.

현대 뇌과학은 대뇌 겉질, 즉 더 고등한 정신 기능을 담당하는 우리 뇌의 바깥층에 시각 정보를 전담하면서 촉각을 통해서도 활성을 띠는 영역이 몇 곳 있다는 것을 밝혀냈다. 한 대상의 질감은 대상이 눈을 통해 지각되든 손을 통해 지각되든 간에, 이 영역들에 있는 뉴런을 활성화한다. 우리가 피부, 옷, 나무, 금속 등 대상의 재료를 쉽게 식별하고 구분할 수 있으며, 그것도 한눈에 그렇게 할 수 있는 이유가 바로 이 때문이다.

뇌 영상 연구는 우리 뇌가 재료에 관한 정보를 처리하는 방식이 지각 경험에 따라 서서히 변한다는 것도 밝혀냈다. 지각의 초기 단계에서 뇌는 오로지 조각이나 회화의 시각 정보만 처리한다. 더 나중 단계에서는 시각 정보와 촉각 정보를 다 처리함으로써 뇌의 더 고등한 영역에서 대상의 다감각 표상이 형성된다. 이 다감각 표상은 우리가 미술을 경험하는 방식의 핵심에 놓인다.

조각의 삼차원 형태 때문에 우리는 그 특성—섬세하거나 공격적인, 유동적이거나 팽팽한, 느긋하거나 역동적인—에 더 본능적인 반응을 보인다. 형태의 표현적 특성을 활용함으로써, 조각은 형태와 주제가 서로를 강화하는 이미지를 창조할 수 있다. 그런 이미지는 사실의 단순한 표현 차원을 넘어선다. 따라서 회화와 마찬가지로 조각도 가장 부드러우면서 섬세한 것부터 가장 격렬하며 황홀한 것에 이르기까지, 미묘하고 강력한 인간의 아주 다양한 감정과 정서를 표현하는 데 쓰여왔다. 그러나 조각은 회화보다 더 직접적으로 물리적인 신체 반응을 일으킬 수 있다. 벽에 평면으로 걸려 있는 대신에, 조각은 주변 공간으로 침입한다. 우리에게 단지 바라보는 대신에 주위를 걸어보도록 함으로써, 물리적으로 상호작용하도록 부추긴다. 우리는 조각을 사물, 대상, 심지어 존재와 관련짓는다.

조각은 어떻게 그렇게 할까? 미술의 한 가지 목적은 감상자가 평소에는 경험하지 못할 삶의 측면들을 경험할 수 있게 해주는 것이다. 조각은 사회적 상호작용에 쓰이는 뇌 메커니즘 중 몇 가지를 동원함으로써 그렇게 한다(그림 6.11). 예를 들어 내가 당신에게 손을 뻗을 때, 나는 뇌의 특정한 영역이 처리하는 기본적인 사회적 행동을 하는 것이다. 이 영역은 차나 시계의 운동과 구별되는 생물학적 운동에 관여하는 부위이다. 자폐증이 있는 사람은 생물학적 운동에 제대로 반응하지 못하지만, 조각은 자폐 스펙트럼에 속한 일부 사람들에게서 이 사회적 반응을 이끌어낼 수 있다.

앞서 살펴보았듯이, 조각은 촉각 감수성도 불러일으킨다. 그래서 작품상에서 묘사되는 운동을 모사하거나 감정이입하게 하는 욕구를 드로잉이나 회화에 비해 더욱 두드러지게 불러일으킨다. 또 조각을 접할 때 뇌에서 풍부하게 활성을 띠는 심리학적 과정이 두 가지 더 있다. 시뮬레이션을 담당하는 거울 뉴런 체계와 감정이입에 관여하는 마음의 이론 체계다(그림 6.11). 회화도 이러한 사회적 뇌의 체계들을 동원하지만, 조각은 더욱 강력하게 동원하곤 한다.

그러나 조각의 삼차원 특성은 조각의 범위를 제한할 수 있다. 조각은 회화가 할 수 있는 것과 동일한 수준으로 대기, 빛, 색깔을 자신의 형상에 투여할 수 없다. 미술가가 청동, 철, 돌보다 캔버스에 더 다양한 색채와 미묘한 빛을 적용할 수 있기 때문이다. 게다가 현실 세계와 캔버스에서의 색채 지각은 복잡하고 주변의 색조에도 의존

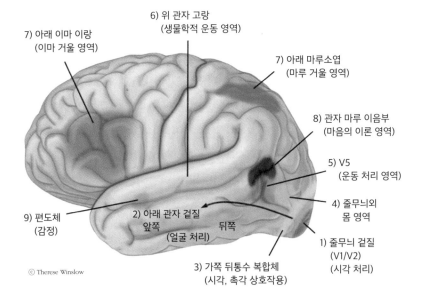

7) 아래 이마 이랑
(이마 거울 영역)

6) 위 관자 고랑
(생물학적 운동 영역)

7) 아래 마루소엽
(마루 거울 영역)

8) 관자 마루 이음부
(마음의 이론 영역)

5) V5
(운동 처리 영역)

4) 줄무늬외
몸 영역

1) 줄무늬 겉질
(V1/V2)
(시각 처리)

9) 편도체
(감정)

2) 아래 관자 겉질
앞쪽   뒤쪽
(얼굴 처리)

3) 가쪽 뒤통수 복합체
(시각, 촉각 상호작용)

ⓒ Therese Winslow

6.11 조각과 초상화에 대한 감상자의 감정적 및 감정이입적 반응에는 감정적, 모방적, 사회적 상호작용뿐 아니라 감정이입을 담당하는 뇌의 많은 영역들이 관여한다. 영역마다 기능이 다르다. 영역 1은 시각의 일차 처리 영역이다. 영역 2는 얼굴의 처리를 담당한다. 영역 3은 시각-촉각 상호작용을 조정한다. 영역 4는 몸에 반응한다. 영역 5는 운동에 반응한다. 영역 6은 생물학적 운동에만 반응한다. 영역 7은 운동을 모방한다(반영한다). 영역 8은 마음의 이론을 담당한다. 영역 9는 편도체로서 감정을 담당한다.

하므로, 화가는 조각가가 할 수 없는 방식으로 색채를 대비시킬 수 있다. 그 결과 모네 같은 점묘파 화가들은 색채를 써서 음영의 미묘한 빛을 묘사할 수 있었고, 다양한 색깔의 작은 점들을 써서 새로운 수준의 색깔 혼합을 달성할 수 있었다. 조각가는 이 두 기법을 쓸 수가 없다. 조각은 넓고 복잡한 장면을 묘사할 수 없다. 따라서 회화는 자연 세계를 종합하기에 이상적인 매체다.

마지막으로 회화는 사람의 얼굴에 담기는 심리적 미묘함을 쉽게 묘사할 수 있지만, 조각은 대개 그렇게 하지 못한다(Harrison and Wood 2003). 우리 뇌가 얼굴 같은 형상을 지각하는 것은 어느 정도는 밝기 때문이다. 그래서 화가는 색채를 통해 단지 물체의 자연적인 표면을 묘사할 뿐 아니라 생생한 감정의 폭넓은 스펙트럼을 전달한다. 그렇긴 해도 조각은 회화에 없는 생생한 물리적 존재감을 지닌다. 우리는 조각을 착시로서 지각하는 것이 아니며, 실제 대상으로서 받아들인다.

조각과 회화 모두 마커스 레이클Marcus Raichle이 2000년에 발견한 뇌의 기본 모드 망default mode network을 작동시킨다(Raichle et al. 2001). 이 망은 세 군데의 뇌 영역으로 이루어진다. 쐐기앞소엽precuneus, 앞 띠다발 겉질anterior cingulate cortex, 아래 이마앞 겉질inferior prefrontal cortex이다. 이 망은 우리가 쉴 때 활성을 띠지만, 세상을 대할 때에는 억제된다. 이는 우리가 일에 몰두할 때 자신을 잃는다는 개념에 부합한다. 더 최근 들어서 이 망은 '자전적 자아autobiographical self', '자극 독립적 사고', '정신화mentalizing'와도 관련이 있음이 드러나고 있다.

놀랍게도 이 망은 가장 강한 미적 경험을 할 때 활성을 띤다. 우리의 자아감에 공명하는 미술 작품을 접할 때 자극을 받는다. 에드워드 베슬Edward Vessel, 나바 루빈Nava Rubin, 가브리엘라 스타Gabriella Starr는 이 활성화 덕분에 외부의 조각이나 회화를 지각하는 것이 자아와 관련된 우리의 신경 과정과 상호작용할 수 있다고 주장한다. 아마 그 신경 과정에 영향을 미치고 더 나아가 그런 과정에 통합될 것이다 (Vessel and Rubin 2010; Vessel et al. 2012; Starr 2013). 이런 생각은 개인의 미술 취향이 자아감과 관련이 있다는 개념에 부합된다. 버크너

Buckner와 캐럴Carroll(2007)은 우리 인지의 '기본 모드'가 바깥 세계의 지각으로부터 경험하고 있는 세계를 모사하기는 하지만 그 세계와 별개인 내면의 인지 모드로 옮겨가는 것이 특징이라고 주장했다. 따라서 아름다움은 감상자의 눈에만 있는 것이 아니라, 감상자의 뇌에도 있다.

16세기 이탈리아 르네상스 시대의 예술가와 평론가들은 조각과 회화의 상대적인 장점과 근본적인 우위를 놓고 논쟁을 벌였다. 이 논의는 파라고네paragone(비교라는 뜻의 이탈리아어)의 형식을 취했으며, 이는 르네상스 전성기의 가장 중요한 미술 작품 일부를 이해하는 데 대단히 중요하다(White 1967). 미술가들은 자신들이 속한 문화가 고대 그리스와 로마 문화의 부활을 대변하며, 그 문화가 대체로 조각을 통해 전달되었음을 알고 있었다. 그들은 자신이 고대의 위대한 미술가들과 경쟁하고 있음을 인식했고, 그 고대의 거장들을 실력으로 이기려 애썼다. 앞서 본 〈겁탈당하는 사비니 여인들〉이 한 예다.

르네상스 미술가들은 고대의 미술가들과 경쟁했을 뿐 아니라, 자신들끼리도 경쟁했다. 게다가 르네상스 미술의 지도 원리가 자연주의였기에, 미술가들은 자연과도 경쟁했다.

화가들은 이런 관점에서 회화가 조각보다 유리하다고 주장했다. 회화는 마치 창문으로 내다보듯이 전경을 다 묘사할 수 있고, 따라서 이야기를 묘사하는 데 적합하다는 것이었다. 대조적으로 미켈란젤로—서양 미술사에서 가장 위대한 화가이자 위대한 조각가로도 여겨지곤 하는—는 회화가 조각의 삼차원 특성을 모방하는 만큼만 위대하다고 주장했다(《베네짓 미술 사전Benezit Dictionary of Artists》 참조).

사례들

조각과 회화의 차이를 설명하기 위해, 조각 여섯 점과 동시대 회화 여섯 점을 비교하기로 하자.

1. 〈성모 방문〉

먼저 콘스탄스의 마스터 하인리히Master Heinrich of Constance 작품이라고 알려진 〈성모 방문The Visitation〉 상과 그와 같은 주제를 담은 조토의 그림을 살펴보자(그림 6.12). 둘 다 1300년경의 작품이다. 양쪽 다 자신이 기적으로 예수를 잉태했음을 알아차린 성모 마리아가 친척인 엘리사벳을 방문한 장면을 묘사한다. 엘리사벳도 아기를 배고 있었는데, 바로 세례 요한이었다.

이 조각은 호두나무를 깎은 것이며, 원래의 물감과 금박이 대체로 보존되어 있고, 수정으로 덮인 부위는 안쪽을 파내서 비워놓았다. 역사학자들은 원래 이 공간에 아기의 이미지가 들어 있었고, 수정을 통해 밖에서 볼 수 있었을 것이라고 믿는다. 성모 마리아는 엘리사벳의 어깨에 부드럽게 손을 올리고 있다. 엘리사벳은 마치 이렇게 말하는 듯, 한쪽 손을 가슴에 갖다대고 있다. "주의 어머니가 내게 오시다니, 이 어찌된 일입니까?"

한편 동시대에 원근법 개발에 앞장선 탁월한 개척자인 조토가 묘사한 성모 방문 그림에는 마리아, 엘리사벳, 시녀 세 명이 나와 있다. 원근법과 추가된 세 명은 사실상 마리아와 엘리사벳의 상호작용으로부터 시선을 좀 분산시키지만, 조토는 회화가 아주 잘 전달할

6.12 위: ⟨성모 방문⟩ 조각상(1310~20)
아래: ⟨성모 방문⟩ 그림(1306)

수 있는 것을 그럭저럭 해냈다. 이 만남의 미묘한 심리를 더 잘 묘사한다. 그러나 조각은 감정을 덜 전달하긴 하지만, 같은 상황에 놓인 사람으로서 서로 축하하면서 어울리는 두 예비 엄마에게만 초점을 맞춤으로써 더 영적인 마음이 들게 한다. 평온하면서 단순한 얼굴도 그 효과를 덧붙인다. 우리는 두 사람의 얼굴을 매우 뚜렷이 볼 수 있고 우리 뇌는 얼굴을 특별 취급하므로, 이 조각은 감상자에게 강한 인상을 남긴다.

2. 〈스피나리오〉와 〈담비를 안고 있는 여인〉

두 번째 비교는 안티코Antico의 조각상인 〈스피나리오Spinario〉(발에 박힌 가시를 빼는 소년)와 레오나르도 다빈치의 그림인 〈담비를 안고 있는 여인The Lady with an Ermine〉이다(그림 6.13). 둘 다 15세기 말의 작품이다.

이 조각은 나무 그루터기에 앉아서 왼쪽 발목을 오른쪽 허벅지에 올리고 몸을 앞으로 숙이고 있는 청소년을 묘사한다. 소년의 얼굴 주위는 섬세하게 물결치는 금발로 덮여 있고, 소년의 주의는 온통 발꿈치에 쏠려 있다. 오른손의 엄지와 검지 자세를 볼 때 박힌 가시를 빼고 있다. 발에서 가시를 빼기 위해 집중하는 모습이 아주 탁월하게 표현되어 있다. 앞으로 구부린 자세 역시 뛰어난데, 우아하게 굽은 등의 곡선과 구부린 팔다리의 각도가 두드러진다.

소년은 감상자의 시선을 의식하지 않은 채 자기 일을 하고 있다. 사실 조각의 작은 크기는 감상자에게 소년을 방해한다는 느낌을 준다. 은으로 상감한 입과 눈을 지닌 그의 얼굴은 밑에서 볼 때 가장 잘 감상할 수 있지만, 몰입한 그의 모습은 어느 각도에서 보더라도

6.13 위: 〈스피나리오〉(1496)
아래: 〈담비를 안고 있는 여인〉(1489)

아름답다. 매끄러운 피부와 그가 앉아 있는 혹투성이 그루터기의 대비도 그렇다. 줄무늬를 이룬 금발의 반들거림, 피부의 매끄러움, 그루터기의 울퉁불퉁함이라는 세 질감은 거의 손을 내밀어서 조각을 만져보고 싶게 만든다. 촉각과 시각을 종합해서 다감각 지각을 형성하는 뇌의 능력을 보여주는 탁월한 사례다.

안티코가 이 작품을 만들 때 토대로 삼은 원래의 〈스피나리오〉는 아주 잘 보존된 몇 안 남은 몇 점의 청동상 중 하나다. 구리와 주석의 합금인 청동은 도금 같은 다양한 착색이 가능한 내구성 있는 재료다. 안티코의 조각은 로마 청동상 분위기에 그가 살던 시대에 귀하게 여겼던 금발을 덧붙임으로써, 본질적으로 외래 문화에서 온 고대의 걸작품을 자기 시대의 보물로 전환시켰다는 점에서 독특하다.

레오나르도의 〈담비를 안고 있는 여인〉은 나무판에 그린 유화로서, 16세 소녀인 체칠리아 갈레라니^{Cecilia Gallerani}의 반신상이다. 몸은 약간 오른쪽을 향해 있고, 얼굴은 왼쪽을 바라보고 있다. 시선은 감상자가 아니라 액자 바깥의 어딘가를 향한다. 그녀는 작고 하얀 담비를 안고 있으며, 이 동물을 만지고 있는 그녀의 손은 발을 만지고 있는 소년의 손과 흥미로운 대조를 이룬다.

체칠리아와 조각상의 소년은 나이가 비슷하며, 각자 흥미로운 방식으로 자세를 취하고 있다. 레오나르도의 작품에 보이는 이 자세는 그가 평생토록 역동적인 움직임에 몰두했음을 잘 보여주는 사례다. 4분의 3 측면상은 그가 이룬 많은 혁신 중 하나다. 언뜻 보면 체칠리아가 보이지 않은 누군가를 바라보거나 그 사람의 말에 귀를 기울이는 모습처럼 여겨질 수 있지만, 더 자세히 살펴보면 그녀가 생각에

잠겨 있다고 추론할지도 모른다. 겨울이 되어 하얗게 털갈이를 한 담비는 이 작품의 의미를 더 풍성하게 하고 흥미로운 이중성을 암시한다. 소녀와 동물, 순수하면서 유혹적인 모습은 아마 체칠리아처럼 무구한 사람에게서도 순수함이라는 겉모습이 그녀가 지니고 있을 법한 감정의 복잡성을 단순화한다는 것을 시사한다.

이 회화와 조각 모두 세부 묘사가 풍부하다. 레오나르도는 체칠리아 손가락의 윤곽을 손가락마디의 주름 하나하나까지, 구부린 손가락의 휘어진 힘줄까지 묘사했다. 게다가 이 조각과 회화 양쪽 다 움직임의 한 순간을 포착하고 있다. 그러나 레오나르도가 더 위대한 미술가이고 모델의 심리적 깊이를 묘사할 능력이 있다고 할지라도, 발에 집중하고 있는 소년의 상은 매혹적이다. 그리고 모든 각도에서 감상할 수 있다는 점도 여기에 기여한다. 조각은 회화와 한 가지 다른 방식으로 압도적인 인상을 준다. 레오나르도의 여인이 보여주는 모호한 시선보다 소년의 신체적 존재감과 몰입감이 우리에게 훨씬 더 강하게 와닿기 때문이다.

3. 〈위선자이자 비방자〉와 〈전사로서의 자화상〉

세 번째 비교는 프란츠 크사버 메저슈미트Franz Xaver Messerschmidt의 조각상 〈위선자이자 비방자A Hypocrite and a Slanderer〉와 오스카어 코코슈카의 조각상 〈전사로서의 자화상Self-Portrait as a Warrior〉이다(그림 6.14). 앞에서 한 비교 사례들과 좀 다르다. 메저슈미트보다 한 세기 남짓 뒤에 활동한 표현주의 미술가인 코코슈카의 대리석 흉상과 그 비슷한 모습을 담은 그림인 〈자화상〉은 둘 다 메저슈미트의 조각에 영향을 받앉음을 보여준다.

메저슈미트는 탁월한 초상 조각가였다. 1760년 겨우 24세일 때 이미 그는 빈의 궁정 미술가로 활동하던 꽤 성공한 사람이었다. 또 빈 제국 아카데미의 매우 존경받는 조각 담당 조교수로도 있었고, 기존 학과장이 사망하면 그 자리를 물려받을 것이라고 예상되었다. 그러나 메저슈미트는 정신질환에 걸렸고(지금은 편집조현병이었을 것이라고 본다), 3년 뒤 학과장 자리가 비었을 때 그 자리는 다른 사람에게 돌아갔다. 아니, 그의 정신질환이 아직 낫지 않았을 것이라고 우려한 관리자들은 그의 교수직마저 박탈했다.

너무나 마음이 상한 메저슈미트는 1775년 빈을 떠났고, 이윽고 1777년 프레스부르크(지금의 브라티슬라바)에 정착했다. 그곳에서 그는 자신의 정신 상태의 전체 범위를 묘사한 청동 두상을 만드는 일에 몰두해 60점 넘게 제작했다. 이 비범한 두상들은 일그러진, 그러나 때로 고양된 표정을 극적으로 묘사함으로써 다양한 감정을 생생하게 전달한다. 훗날 지그문트 프로이트가 초점을 맞출 마음 상태들과 그것들이 개인의 얼굴 특징들에서 어떻게 표현되는지를 미리 예시하는 듯하다.

메저슈미트가 만든 초상 조각의 가장 흥미로운 측면 중 하나는 그가 정신질환에 심하게 시달리는 와중에 이 모든 작품을 만들었다는 것이다. 그럼으로써 그는 오랜 세월이 흐른 뒤 현대 뇌과학의 연구를 통해 비로소 드러날 한 가지 중요한 사실을 보여준다. 바로 확연히 정신적인 문제에 시달리면서도 창의성은 온전히 유지될 수 있다는 것이다. 다시 말해, 비록 뇌의 일부가 기능 이상에 시달려도, 다른 영역들은 놀라울 만치 제 기능을 할 수 있다. 일부 미술사학자는 메저슈미트의 정신질환이 그를 해방시켰음을 입증한다고 주장한다. 즉 스스로에게 진정으로 와닿는 작품을 만들기 시작했다는 것이다. 그의 악마는 이제 그의 뮤즈가 되었고, 그 악마를 묘사함으로써 최고의 창작품을 만들어냈다. 자신의 거울에서 그 악마가 결코 사라지지 않았기에 그는 그 악마를 묘사하는 데 몰두했다.

〈위선자이자 비방자〉(그림 6.14A)는 대머리 남성이 턱을 가슴에 누르고 있는 모습이다. 목과 턱에는 동심원상으로 주름들이 나 있고, 그럼으로써 머리의 긴장 상태를 뚜렷이 드러낸다. 이 자세는 남들과의 접촉, 심지어 자기 주변과의 접촉도 피하고자 고안된 내성적인 몸짓이다. 그는 마치 부끄럽다는 양 자신의 머리를 몸통 속으로 당겨넣고자 시도하는 듯하다. 일부 학자는 이 머리가 거부를, 즉 의사소통 기술이 부족한 자폐증 환자나 조현병 환자가 하듯이, 시선을 회피하고 자기 자신에게 몰입하려는 사회적으로 고립된 사람을 묘사하고 있다고 말한다.

앞서 말했듯이, 미술의 한 가지 목적은 평소에 접하지 못했을 삶의 측면들을 경험할 수 있도록 하는 것이다. 그렇게 하는 방법 중 하나는 감정이입을 통해서다. 감정이입은 뇌에서 강하게 표현된다. 우리는 메저슈미트의 머리를 볼 때 그가 무엇을 느끼고 있는지를 감지할 수 있다. 그의 두상은 우리 뇌의 생물학적 운동 체계와 모방을 담당하는 거울 뉴런 체계도 활성화한다. 따라서 메저슈미트의 두상을 볼 때, 우리는 그가 묘사하고 있는 감정을 내면에서 경험한다. 우리 뇌는 그의 표정을 모사한다. 겉으로 드러내지 않을지 모르지만, 그

6.14A

〈위선자이자 비방자〉
(1771~83)

6.14B   왼쪽: 〈전사로서의 자화상〉(1909)
오른쪽: 〈자화상〉(1918~19)

감정을 경험한다.

메저슈미트의 과장된 얼굴과 얼굴 표정은 표현주의 미술의 특징이므로, 그는 한 세기 이상 시대를 앞서간 인물이 된다. 그의 작품은 나중에 빈의 벨베데레 하궁 미술관에 전시되어서 코코슈카 같은 표현주의 화가들에게 영향을 끼쳤다.

우리는 코코슈카의 첫 표현주의 작품에서 메저슈미트의 영향을 볼 수 있다. 그림이 아니라 1909년에 만든 채색 점토상인 〈전사로서의 자화상〉(그림 6.14B, 왼쪽)이다. 코코슈카가 자서전에서 "감격에 겨운 울부짖음"이라고 적은 이 다채색의 입을 헤 벌린 흉상에서, 작가는 조형하는 데 쓴 기법을 노출시킴으로써 작품에 더 진정성을 부여하는 동시에 작품을 더 거슬리게 만들려고 시도한다. 코코슈카는 점토 표면을 조형하는 데 쓴 물리적 방법을 부각하는 한편, 피부를 벗겨서 그 바로 밑에 피가 흐른다는 것을 암시하는 데 쓴 기법을 강조한다. 게다가 미술가로서의 개성을 강조하고자 점토에 자신의 지문을 남기고, 부자연스러운 색채—눈꺼풀 위의 빨간색과 얼굴과 머리카락의 파란색과 노란색—를 써서 사회적 또는 미술적 관습을 넘어서는 극단적인 감정을 전달한다.

여기서 코코슈카는 처음으로 색채와 질감을 사실적으로 쓰는 방식을 버리고 감정을 표현하는 쪽을 택했다. 이 접근법은 나중에 그의 회화에도 쓰이게 된다. 색채를 재현 기능으로부터 해방시킴으로써(반 고흐가 그렇게 하기 시작했듯이), 코코슈카는 정확한 묘사로부터 순수한 표현으로 옮겨갔다. 우리는 코코슈카의 흉상과 자화상(그림 6.14B, 오른쪽)을 비교하여 조각과 회화의 차이를 파악할 수도 있다.

팜파탈인 알마 말러와 순탄치 않은 연애를 하고 있던 이 시기에 코코슈카는 손가락을 아기처럼 입에 넣으면서 자신이 불안하고 초조한 상태라고, 거의 무너지기 직전에 있다고 묘사한다. 강하게 와닿는 그림이기는 하지만, 그럼에도 조각이 지닌 진정으로 육감적인 힘은 없다.

4. 〈겨울〉과 〈겨울의 알레고리〉

네 번째 비교는 장 앙투안 우동Jean-Antoine Houdon의 우화적인 청동상 〈겨울Winter〉과 로렌초 티에폴로Lorenzo Tiepolo의 그림으로 여겨지는 〈겨울의 알레고리Allegory of Winter〉다(그림 6.15). 두 작품의 연대 차이는 25년 이내다.

우동의 조각은 겨울을 새로운 방식으로 묘사한다. 전통적으로 겨울은 백발이 된 노인이 불을 쬐고 있는 모습으로 묘사되었다. 우동은 벌거벗은 채 숄로 숙인 머리와 상체를 덮고 있는 소녀의 인물상으로 겨울을 묘사하는 쪽을 택했다. 허리에서 숄을 꽉 움켜쥐고 두 다리를 바싹 붙인 모습이 분명히 매우 추워 보인다. 떨고 있는 소녀의 자연스러운 자세는 뇌에서 더 전통적인 겨울 묘사 방식이 일으키지 못하는 감정이입을 불러일으킨다. 그녀의 자세와 나체는 겨울의 비유로 딱 들어맞지만, 우동이 자신의 조각에 에로티시즘을 담으려는 의도를 지녔다는 점도 명백하다. 마치 소녀는 벌거벗었다는 사실이 수치스러워 감상자의 시선을 피하려고 하는 듯하다.

우동의 겨울 이미지는 충격적이며, 조각가의 화실에서 대리석으로 만든 작품을 처음 본 사람들 못지않게 현대의 감상자들에게도 그

6.15   위: 〈겨울〉(1787)
아래: 〈겨울의 알레고리〉(1762)

러하다. 1783년에 제작된 대리석 판본은 1785년 살롱전에 출품하려고 할 때 거부당했다. 반쯤 벌거벗은 인물상이 드러내는 에로티시즘을 심사위원들이 상스럽다고 판단해서다. 그들은 소녀의 등이 보이도록 구석에 작품을 돌려놓아서, 즉 관람객이 균형 잡힌 앞쪽을 보고 불편해하지 않게 전시하면 어떻겠냐고 제안했다. 다행히도 지금은 메트로폴리탄 미술관에 사방을 다 볼 수 있도록 전시되어 있다.

티에폴로의 〈겨울의 알레고리〉도 여성을 묘사하지만, 마찬가지로 불을 쬐는 전형적인 여성의 모습은 아니다. 이 여성은 따뜻한 덮개를 왼쪽 어깨에서 벗어서 가슴을 드러내고 있다. 이 그림이 겨울에 대한 알레고리인 한편 그녀가 춥지 않은 것은 분명하므로, 여성은 남성 감상자에게 옆으로 들어와서 온기를 나누자고 초대하는 것일 수도 있다. 이렇게 유혹을 암시하고 있음에도, 이 그림은 우리를 오들오들 떨게 만드는 우동의 상에 비해 감정을 묘사하는 능력이 훨씬 못 미친다.

5. 〈니디아, 폼페이의 눈먼 꽃 소녀〉와 〈눈먼 소녀〉

다섯 번째 비교는 랜돌프 로저스Randolph Rogers의 조각 〈니디아, 폼페이의 눈먼 꽃 소녀Nydia, the Blind Flower Girl of Pompeii〉와 존 에버렛 밀레이John Everett Millais의 그림 〈눈먼 소녀The Blind Girl〉다(그림 6.16). 둘 다 1850년대 중반의 작품이다.

꽃 파는 맹인 소녀 니디아의 조각은 19세기의 인기 있는 영국 소설인 《폼페이 최후의 날The Last Days of Pompeii》에서 영감을 얻었다. 소설에서 니디아와 두 동료는 베수비오 화산이 터진 뒤 도시에서 달아

나려고 애쓴다. 니디아는 그중 한 명인 글라우쿠스와 사랑하는 사이다. 하지만 세 명은 흩어졌고, 이 조각은 홀로 떨어진 채 불타는 도시를 헤매고 있는 니디아의 모습을 보여준다. 발치에 놓인 부서진 코린트 양식 기둥은 무너진 폼페이를 상징하며, 지팡이에 엉긴 채 몸에 달라붙는 옷은 혼란스러운 주변 상황을 시사한다. 니디아는 한 손을 말아 귀에 댄 채 화산이 내뿜는 소리 사이로 글라우쿠스의 목소리를 듣고자 애쓴다. 어둠에 익숙하기에, 그녀는 예리한 청력으로 그를 찾아내서 안전한 해안으로 이끌고 간다. 그러나 결국 그녀는 자신의 사랑이 이루어질 수 없다는 사실에 절망해 물에 뛰어들어 자살한다.

로저스는 이 실물 크기의 조각에서 다양한 표면을 보여준다. 소녀의 얼굴, 팔, 가슴은 영혼이 담긴 듯이 반투명하며, 펄럭이는 치마는 역동적이고 얇게 주름이 져 있다. 바람에 흩날려서 니디아의 지팡이를 휘감으며 몸에 달라붙는 치맛자락은 젊은 여성의 모습을 드러냄으로써 조각에 역동성과 관능성을 부여한다. 이 작품이 전달하는 감정은 감상자의 물리적 공간으로 강력하게 침투한다. 집중하느라 찌푸리고 있는 그녀의 눈과 눈썹은 소녀의 사명감을 더욱 실감나게 묘사한다.

2년 뒤 존 에버렛 밀레이는 〈눈먼 소녀〉를 그렸다. 폭풍우가 지난 뒤 길가에 앉아 있는 눈먼 젊은 떠돌이 음악가와 앞을 볼 수 있는 여동생을 묘사하고 있다. 눈먼 소녀는 주변의 다채로운 색깔이나 하늘에 뜬 쌍무지개를 볼 수 없지만, 치켜든 얼굴에 비치는 햇빛을 느낄 수 있다. 니디아처럼 밀레이 그림의 눈먼 소녀도 연민을 불러일으키

6.16 위: 〈니디아, 폼페이의 눈먼 꽃 소녀〉(1853~54)
아래: 〈눈먼 소녀〉(1856)

고 빅토리아시대 사람들의 감수성에 호소하는 영혼이 담긴 듯한 안색을 지니지만, 니디아와 달리 밀레이의 눈먼 소녀는 머리부터 발까지 두꺼운 옷으로 감싸여 있고, 관능성을 전혀 풍기지 않는다.

밀레이가 생생한 색채와 세밀한 묘사를 구사하고 눈먼 소녀가 감상자에게 감정이입을 일으키긴 하지만, 이 그림은 조각의 힘과 수수께끼에 미치지는 못한다. 밀레이의 눈먼 소녀는 가만히 앉아 있는 반면, 로저스의 니디아는 바람을 안고 나아가려고 애쓴다. 〈눈먼 소녀〉는 본질적으로 영국 라파엘전파Pre-Raphaelite 운동의 산물인 반면, 니디아의 조각은 시간과 공간을 초월한다.

6. 〈칼레의 시민〉과 〈목욕하는 사람들〉

마지막으로 비교할 작품은 오귀스트 로댕의 〈칼레의 시민The Burghers of Calais〉과 폴 세잔Paul Cezanne의 〈목욕하는 사람들The Bathers〉이다(그림 6.17). 둘 다 19세기 말 작품이다.

〈칼레의 시민〉은 영국 해협에 있는 프랑스 항구 칼레를 영국 국왕 에드워드 3세가 포위 봉쇄한 역사적 사건을 기리고 있다. 굶주림에 시달린 주민들은 결국 항복 협상에 나섰다. 에드워드는 최고 지도자 여섯 명이 항복한다면, 시민들을 살려주겠다고 제안했다. 아마 지도자들은 처형될 터였다. 그는 지도자들이 맨발로 목에 올가미를 건 채로 나와서 성문 열쇠를 건네라고 요구했다. 외스타슈 드 생 피에르Eustache de Saint-Pierre가 앞장서겠다고 했고, 그 뒤를 나머지 다섯 명이 따라서 성문으로 향했다. 패배감, 영웅적인 자기 희생, 떳떳이 죽음에 맞서려는 의지가 뒤섞인 이 통렬한 순간을 로댕은 실물보다 더 큰 조각상에 담았다. 나중에 영국 왕비는 혹시라도 배 속의 아기에게 불운이 닥칠까봐 남편에게 그들을 살려두라고 압박했다.

목적이 같음에도 이 조각의 각 인물들은 서로 다른 방향을 보고 있고, 굳센 결심에서 공포에 이르기까지 저마다 다른 감정을 보여준다. 이런 식으로 로댕은 각자의 개성과 고립을 강조한다. 그는 손과 발을 비례에 어긋나게 크고 무겁게 해서 형상을 끌어내리는 듯한 느낌을 줌으로써 그들이 얼마나 막심한 심리적 부담을 느끼는지를 상기시킨다. 인물들의 크기와 어두운 색깔은 불길한 일이 일어날 것이라는 느낌을 불러일으킨다. 그러나 로댕은 특정한 요소들을 반복하여 써서 조각에 통일성도 부여한다. 인물들은 키가 같고, 모두 평범한 옷을 입고 있으며, 두 명은 얼굴의 특징들이 똑같다. 로댕의 인물 배치는 그들의 행동에도 통일감을 부여한다. 모든 인물을 동일한 높이로 배치해 전통을 깨뜨린다.

이 조각은 로댕의 탁월한 인물 표현 능력뿐 아니라, 더욱 표현주의적인 양식으로 나아감으로써 전통 양식을 뒤엎으려는 그의 의지도 보여주는 대표적인 사례다. 사회적 뇌의 거의 모든 측면들—감정, 다양한 얼굴 표정, 생물학적 운동, 시뮬레이션, 감정이입—이 이 강력한 조각을 볼 때 활성을 띤다.

로댕은 나중에 현대 조각의 특징이 된 두 기법인 분절fragmentation과 반복repetition을 도입하고 확장했다. 〈칼레의 시민〉에서 보듯이, 인물과 형상의 반복은 통일성을 낳고, 극적 효과를 높이며, 복잡한 심리적 차원을 도입한다. 더 넓게 보자면, 로댕은 깊이감과 현존감을 불러일으키는 조각의 역량을 온전히 활용함으로써, 조각을 전통적인 한

6.17 위: 〈칼레의 시민〉(1884~85)
아래: 〈목욕하는 사람들〉(1894)

계 너머까지 밀어붙여 모더니즘으로 나아가게 했다.

로댕의 조각은 당대 회화에 일어나고 있던 일과 극적으로 대조를 이룬다. 세잔은 〈목욕하는 사람들〉에서 나무들에 둘러싸인 호수에서 헤엄친 뒤 나체로 햇볕에 몸을 말리는 남성 여섯 명을 묘사한다. 로댕이 인물 여섯 명을 깊이감을 조성하는 쪽으로 배치한 반면, 세잔은 여섯 명을 나무들과 함께 줄줄이 배치해서 깊이감을 제거했다. 이 그림을 그릴 즈음에 세잔은 작품에서 원근법을 제거하기 시작했고, 3차원 착시를 없애 회화의 진정한 이차원적 본질을 드러내고 있었다.

이 두 작품은 회화가 추상적이고 이차원적이 됨으로써 삼차원으로 세계를 묘사해온 역사적 기능을 포기하고 있던 바로 그 시기에, 조각은 자신의 역사적 역할을 재평가하고 더욱더 공간을 차지하면서 더 표현주의적이 되고자 애쓰고 있었음을 보여준다. 현대 화가들이 입체주의와 추상을 향해 나아가고 있을 때, 로댕이 개척한 현대 조각은 자기 고유의 탁월함이 삼차원 형상에 있음을 강조하고 있었다. 감상자에게 자리를 바꿔가면서 보고 또 보라고 초대한다.

이상 여섯 가지의 비교는 우리 뇌가 조각과 회화에 반응하는 양상의 차이를 잘 보여준다.

조각의 특징은 삼차원성이며, 그래서 감상자가 자리를 바꾸면서 이쪽저쪽에서 보게 하고, 신체적으로도 감정적으로도 상호작용하도록 부추기며, 시각 형상과 촉각 특성의 상호작용으로 뇌에 다감각 표상을 생성한다. 그 결과 우리는 조각을 만져보고 때로 껴안고 싶어진다. 대개 우리는 이런 충동을 행동으로 옮기지 않지만, 여기서 시뮬레이션을 담당하는 뇌의 거울 뉴런 체계 영역과 감정이입을 담당하는 마음의 이론 영역이 능동적으로 관여할 가능성이 높다.

대조적으로, 헤엄친 뒤 몸을 말리는 남성들을 묘사한 세잔의 그림에서 볼 수 있듯이, 회화는 전경을 보여주고 넓은 자연 풍경을 묘사할 수 있다. 또 회화는 조각에서는 하기가 어려운 방식으로 얼굴 표정과 색의 미묘함도, 빛과 그림자의 숨바꼭질도 묘사할 수 있다.

회화와 조각은 역사적 힘에 반응해서 서로 다른 길을 따라 진화해왔다. 조각은 미술 형식의 원형일 가능성이 높지만, 회화는 실험을 요구하는 현대 미술의 추세에 더 일찍 반응했다. 지난 세기에 조각도 급진적인 실험 단계에 들어섰으며, 조각과 회화를 합쳐서 하나의 미술 형식으로 만들려는 반복되는 시도도 그중 하나다.

제7장   추상 미술 감상은 어떻게 다른가

해석 수준 이론과 몇 가지 실험들

"미술은 감상자의 지각적·정서적
참여가 없이는 불완전하다."

_알로이스 리글

미술 작품을 볼 때 우리 뇌는 타고난 상향 시각 처리 과정과 하향 인
지 처리 과정을 조합해서 이미지를 재창조한다. 이 과정들은 눈앞
의 이미지가 구상인지 추상인지에 따라 달라진다. 구상 미술, 즉 재
현 미술은 자연적인 대상이나 장면을 상세히 묘사한다. 추상 미술은
대상이나 장면이 아예 없다. 입체주의 미술은 우리 뇌가 지각하도록
진화한 자연적인 이미지와 근본적으로 다른 추상 이미지를 재구성
하라고 도전함으로써, 뇌의 상향 시각 체계를 혼란에 빠뜨린다. 또
우리는 뇌가 창의성 기계라는 것도 안다. 뇌는 우리의 경험, 주의, 기
대, 학습된 연상을 동원하는 하향 인지 과정을 써서 혼란스러운 시
각 정보를 이해하고자 한다.

그 결과 추상 미술과 구상 미술에 대한 우리의 주관적 경험—지
각적, 정서적, 인지적, 미적 반응—은 개인마다 다르다. 게다가 더
야심적인 미술 작품일수록, 모호함을 해소하고 작품에 의미와 효용

과 가치를 할당하기 위해 우리가 해야 하는 하향 처리 과정은 더 늘어난다. 추상 미술 작품에 대상이 들어 있지 않기에 감상자는 새로운 개인적인 연상을 창안해야 한다.

감상자의 취향에 초점을 맞춘 연구는 많이 이루어져왔는데, 대체로 감상자는 추상 미술보다 구상 미술을 선호한다. 셰프먼Schepman 연구진은 감상자 취향의 토대일 수도 있는 정신 과정들을 연구하고 있는데, 이렇게 썼다. "재현 미술을 선호하는 취향은 감상자들끼리 공유가 되지만, 추상 미술 취향은 개인별로 더 독특하다."[1]. 감상자들의 반응 차이는 추상 미술을 대하는 감상자들의 심리적 경험의 차이에 관한 몇 가지 흥미로운 질문을 불러일으킨다. 추상 미술은 구상 미술과 다른 마음 상태를 불러일으킬까? 그렇다면 그 차이를 어떻게 경험적으로 특징짓고 정량화할 수 있을까?

추상 미술의 신경미학

감상자의 몫—감상자가 미술 작품에 부여하는 주관적인 의미—은 그 작품에 필수적이다. 저명한 미술사학자 알로이스 리글[2]이 처음에 '감상자의 참여'라고 정립한, 감상자가 미술 작품에 능동적으로 참여한다는 이 개념은 그의 제자인 에른스트 곰브리치[3]를 통해서 '감상자의 몫'이라고 알려지게 되었다. 감상자가 미술에 의미를 투영하는 방식은 한 세기 넘게 미술사학자와 심리학자의 관심 대상이었다.

신경미학 연구자들은 감상자가 추상 미술을 구상 미술과 다르게 접근하고 처리한다는 것을 알아냈다. 구상 회화에 담긴 대상은 감상 자에게 그 그림을 어떻게 보고 해석할지 알리는 데 도움을 줄 수도 있다.[4] 반면에 추상 미술에는 대상이 없기에 감상자는 회화를 살펴 볼 새로운 방법을 고안하지 않을 수 없다. 인식하는 차원을 넘어서 새로운 개인적인 연상을 창안해야 한다.[5] 또 추상 미술은 구상 미술 과 다른 인지 과정을 불러일으킨다.[6] 감상자가 추상 미술을 접할 때, 지각에서 기억에 이르기까지 다양한 인지 과정들이 동원될 수 있으 며,[7] 추상화의 수준에 따라 양상은 달라진다.[8] 따라서 해당 추상 회 화의 해석은 보는 이들마다 다르며, 크게 다를 수도 있다.

이런 인지 과정의 차이는 추상 미술이 우리의 시선을 이끄는 방 식에서 시작된다. 구상 미술을 볼 때 우리 눈의 운동은 범위가 더 좁 아지고 대상에 초점이 맞추어지는 반면, 추상 미술을 볼 때는 눈이 작품 전체를 다 훑는 양상을 보인다.[9] 이 차이는 눈 운동을 인도할 대상과 장면이라는 전통적인 단서들이 없을 때 우리가 시각 정보를 얻기 위해서 더 폭넓게 탐사하는 전략을 채택한다는 것을 시사한다.

구상 미술과 추상 미술을 볼 때의 시선 차이는 뇌 활성의 차이에 도 반영된다. 기능자기공명영상은 우리가 재현 미술(초상화, 풍경화, 정 물화)을 볼 때 얼굴이나 장소, 대상에 반응한다고 여겨지는 뇌 영역 들이 활성화하는 반면, 추상 미술을 볼 때는 그렇지 않다는 것을 보 여준다.[10] 대신에 단순한 모양과 색깔처럼 복잡성이 중간 수준인 특 징들에 반응한다고 여겨지는 영역들이 활성을 띤다.[11] 경두개자기 자극법Transcranial Magnetic Stimulation은 우리가 구상 미술과 추상 미술에 보 이는 반응에 두 가지 더 차이가 있음을 밝혀냈다. 가쪽 뒤통수 영역,

즉 대상 인지에 핵심적인 역할을 하는 뇌 영역[12]은 재현 미술의 미적 감상에 인과적인 역할을 하지만, 추상 미술의 감상에는 그렇지 않다.[13] V5 시각 영역은 암시된 운동을 처리한다고 여겨지는데,[14] 추상 미술의 미적 감상에는 영향을 미치고 재현 미술의 감상에는 영향을 미치지 않는다.[15]

이 연구는 뇌가 추상 미술과 구상 미술을 다르게 처리한다는 사실을 뒷받침하기는 하지만, 우리 주관적 경험의 차이를 정량화하는 것은 아니다.

주관적 경험의 차이를 측정하다

우리는 미술이 여러 방면으로 우리에게 영향을 미친다는 것을 알지만, 미술이 우리의 주관적 경험의 토대가 되는 인지 과정을 어떻게 동원하는지, 추상 미술과 재현 미술의 경험이 어떻게 다른지는 알지 못한다. 이런 주관적 차이를 정량화하는 한 가지 방법은 각 미술 유형이 불러일으키는 마음가짐mindset, 즉 인지 상태를 측정하는 것이다. 마음가짐은 어떤 표상이나 습관을 쉽게 이용할 수 있게 해주는 특정한 인지 활동이나 행동의 패턴이라고 정의할 수 있다.[16] 최근에 나는 셀리아 더킨Celia Durkin, 에일린 하트넷Eileen Hartnett, 대프나 쇼하미Daphna Shohamy와 함께 해석 수준 이론Construal-Level Theory이라는 심리 이론을 우리의 미술 지각에 적용했다.

해석 수준 이론

'해석'은 사건이나 대상의 주관적 해석을 가리킨다. 해석 수준 이론[17]은 추상화의 인지 이론으로서, 추상적 마음가짐과 구체적 마음가짐의 차이를 특징짓는 한편, 이를 통해 보다 추상적인 혹은 구체적인 표상의 이용 가능성을 예측할 수 있게 한다. 심리적 거리, 즉 대상(또는 사건)과 자신 간의 거리는 대상에 관한 우리의 생각이 얼마나 추상적일지 혹은 구체적일지에 영향을 미친다. 이 이론은 심리적으로 거리가 있는 사건(시간이나 공간적으로 더 멀리 떨어진 곳에서 일어나는 사건)이 더 가까이에서 일어나는 사건보다 우리 뇌에서 더 추상적으로 재현된다는 것을 보여주는 실험 자료에 토대를 둔다. 게다가 이 이론은 대상이나 사건의 표상이 더 추상적일지 혹은 구체적일지를 예측할 수 있게 해준다.

해석 수준 이론은 대상이나 사건의 정신적 표상이 유연하다는 것을 전제로 한다. 즉 우리 뇌는 대상이나 사건을 맥락에 따라서 다소 추상적으로 표상한다(즉 해석한다). 해석은 우리 뇌가 낯설거나 미흡한 정보를 접할 때 핵심적인 역할을 한다. 추상 미술은 감상자에게 자신의 경험으로부터 정보를 받으라고 압박하므로, 감상자의 몫 차이는 해석의 차이에 반영되어야 한다. 따라서 구체적이고 사실적이고 맥락에 맞는 특징들을 통해 어떤 대상을 표현하는 미술은 추상화의 정도가 낮거나 덜한 반면, 대상을 본질적이고 탈맥락화한 구성요소를 통해 표현하는 미술은 추상화와 해석의 정도가 더 높거나 더하다.

동료들과 나는 해석 수준 이론을 써서 추상 미술과 재현 미술이 서로 다른 인지 상태를 이끌어내는지를 살펴보았다. 연구 결과는 추상 미술과 재현 미술이 사실상 우리의 인지에 서로 다르게 영향을 미치며, 해석 수준 이론이 감상자의 몫을 분석할 때 유용한 새로운 경험적 접근법임을 시사한다.

심리적 거리

심리적 거리, 즉 대상(또는 사건)과 자신 간의 거리는 우리 뇌가 대상을 얼마나 추상적으로 표상할지를 결정한다. 대상이 시간적으로나 공간적으로 멀리 떨어져 있을수록, 우리는 추상적 구성요소를 통해 그것을 마음속에 재현할 가능성이 더 높다. 추상화와 거리 사이의 이 관계는 우리의 의사 결정을 돕는다. 공간적으로나 시간적으로 멀리 떨어진 곳에서 일어나는 사건에 관해 결정을 내릴 때, 우리는 더 높은 수준의 추상적인 구성요소를 고려할 가능성이 높다. 멀리 있다는 상황에서도 그런 구성요소는 여전히 관련이 있을 가능성이 더 높기 때문이다. 가까이 있는 무언가에 관해 선택을 할 때는 구체적이고 세세한 것들을 고려할 가능성이 더 높다. 직접적으로 관련이 있는 정보를 제공하기 때문이다.[18]

해석 수준 이론은 심리적 거리와 추상화 사이에 쌍방향 관계가 있음을 보여주었다. 심리적으로 거리가 먼 대상과 사건이 우리 뇌에서 더 추상적으로 표현될 뿐 아니라, 대상과 사건의 추상적 해석물은 심리적으로 더 거리가 있다고 느껴진다.[19] 이 관계는 심리적 거리를 사용하여 미술 감상자의 주관적 해석에 있는 경험적 차이를 측정할 수 있음은 물론, 미술이 불러일으키는 표상의 수준 차이를 정량화함으로써 그렇게 할 수 있음을 시사한다.

심리적 거리는 미학의 맥락에서 이미 쓰이고 있다. 시간적 거리가 미술을 향한 태도에 영향을 미친다는 연구도 한 건 있다.[20] 이 연구에서는 실험 참가자들에게 지금으로부터 내일('가까운 미래' 점화)이나 1년 뒤('먼 미래' 점화)의 삶을 상상하라고 요청했다. 그런 뒤 구상 미술과 추상 미술의 관습성을 평가해달라고 했다. '먼 미래' 점화 자극을 받은 참가자는 '가까운 미래' 점화 자극을 받은 사람보다 추상 미술을 더 관습적이라고 평가했다. 반대로 '가까운 미래' 점화 자극을 받은 참가자는 '먼 미래' 점화 자극을 받은 참가자보다 재현 미술을 더 관습적이라고 평가했다. 연구진은 이 불일치가 감상자의 해석 수준에 변화가 일어남을 시사한다고 말한다. 즉 '먼 미래' 점화 자극을 받은 감상자는 그 점화로 해석 수준이 높아졌기 때문에 (비관습적인) 추상 미술을 더 관습적이라고 평가했다는 것이다. 다른 연구[21]에서는 참가자들에게 추상 미술과 재현 미술 작품을 보여주면서, 녹음한 모국어나 외국어를 들려주었다. 그러자 외국어를 듣게 하여 심리적 거리감이 더 커지도록 유도한 참가자들에게서 추상 미술의 이해도가 더 높아졌다.

거리감에 관한 세 가지 실험

방금 언급한 연구들은 심리적 거리를 써서 미술의 주관적 경험을 가깝거나 먼 거리로 측정한 반면, 우리 연구는 심리적 거리를 추상 미술과 구상 미술이 불러일으킨 서로 다른 인지 상태의 경험적 척도로 삼았다. 미술의 추상화 수준과 심리적 거리의 관계를 이해하고자, 우리 연구는 이 질문에 초점을 맞추었다. 추상 미술과 구상 미술이 정량화할 수 있는 마음가짐 차이를 불러일으킬까?

이 질문에 답하기 위해 우리는 세 가지 실험을 고안했다. 우리는 실험 참가자들에게 같은 화가가 그린 추상 또는 재현 미술 작품들을 시간적으로 또는 공간적으로 가깝거나 먼 위치에 배치해달라고 했다. 각 실험에서 참가자들은 같은 화가가 그린 각기 다른 추상화 수준의 그림들을 가상의 화랑에 시간적·공간적으로 가깝게 혹은 멀리 배치했다. 즉 내일 문을 여는 화랑 대 1년 뒤에 여는 화랑, 동네 모퉁이에 여는 화랑 대 다른 주(州)에 여는 화랑이다. 또 세 번째 실험에서는 같은 사람에게서 심리적 거리를 그 사람이 각각의 그림을 좋아하는 정도와 전반적인 미술 경험의 함수로서 측정했다(그림 7.1). 실험 1과 2는 온라인에서 모집한 대규모 참가자들을 대상으로 시간적 또는 공간적 거리를 측정했다. 실험 3은 실험실에서 더 소규모 참가자들을 대상으로 시간적 거리를 쟀다.

모든 미술 작품을 추상화 수준들의 연속선상에서 어딘가에 놓인다고 생각할 수 있다고 보고서, 우리는 그림에서 어떤 대상을 얼마나 알아볼 수 있는지를 토대로 세 범주를 설정했다. 재현(구상), 불확실, 추상이다. 재현 미술 작품은 쉽게 알아볼 수 있는 대상을 포함하는 것이고, 불확실한 작품은 알아볼 수 있긴 하지만 뚜렷이 왜곡된 대상을 지니며, 추상 작품은 알아볼 수 있는 대상이 전혀 없는 것이라고 정의했다. 오로지 기하학적 모양만 있는 추상 작품은 배제했

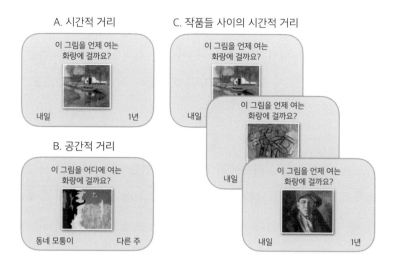

A. 시간적 거리

이 그림을 언제 여는
화랑에 걸까요?

내일   1년

C. 작품들 사이의 시간적 거리

이 그림을 언제 여는
화랑에 걸까요?

내일

이 그림을 언제 여는
화랑에 걸까요?

내일

이 그림을 언제 여는
화랑에 걸까요?

내일   1년

B. 공간적 거리

이 그림을 어디에 여는
화랑에 걸까요?

동네 모퉁이   다른 주

7.1 실험 참가자들이 추상 미술을 재현 미술보다 시간적·공간적으로 더 멀다고 해석하는지 여부를 조사한 세 가지 실험에서 쓴 과제들. (A) 미술이 불러일으킨 시간적 거리를 재는 과제(실험 1). 참가자들에게 시간적 거리 과제를 제시했다. 각자는 작품을 보고서 시간적 거리를 판단했다. (B) 미술이 불러일으키는 공간적 거리 측정 과제(실험 2). 참가자들에게 공간 거리 과제를 제시했다. 각자는 작품을 보고서 공간적 거리를 판단했다. (C) 그림들(재현, 불확실, 추상)과의 시간적 거리를 그림을 좋아하는 정도와 미술 경험의 함수로서 측정하는 과제(실험 3). 출처: C. Durkin, E. Hartnett, D. Shohamy, and E. R. Kandel, "An Objective Evaluation of the Beholder's Response to Abstract and Figurative Art Based on Construal Level Theory," *Proceedings of the National Academy of Sciences U.S.A.* 117, no. 33 (2020): 19809–15, https://pubmed.ncbi.nlm.nih.gov/32747544/

다. 기하학적 모양은 대상이라고 해석되곤 하기 때문이다.

우리는 추상 미술과 재현 미술이 서로 다른 심리적 거리를 불러일으킬 것이라고 가설을 세웠다. 구체적으로 말하면, 감상자는 추상 미술을 재현 미술보다 시간적으로나 공간적으로 더 멀리 있다고 놓을 가능성이 높다고 가정했다.

실험 1: 추상 미술과 시간적 거리

추상 미술이 재현 미술보다 더 시간적 거리를 낳는다는 가설을 검증하기 위해서, 우리는 네 화가의 작품을 골랐다. 마크 로스코[Mark Rothko], 피에트 몬드리안[Piet Mondrian], 척 클로스[Chuck Close], 클리퍼드 스틸[Clyfford Still]이다. 이 화가들은 경력이 쌓일수록 점점 더 추상적인 양식으로 기울어졌고, 재현에서 대상의 완전한 제거 쪽으로 나아갔다.[22] 우리는 참가자들에게 각 화가의 작품을 추상화 범주별로 하나씩 세 점을 보여주었다. 예를 들어 클리퍼드 스틸의 작품에서는 재현 범주에 속한 사실적인 자화상, 왜곡시킨 형태이긴 하지만 여전히 몸임을 알아볼 수 있는 불확실 범주에 속한 그림, 알아볼 수 있는 대상이 전혀 없으며 색깔을 띤 울퉁불퉁한 덩어리와 선이 그려진 추상 범주에 속한 그림을 보여주었다. 우리는 세 점씩 일곱 개의 집합을 구성했다. 참가자들은 아마존의 메커니컬 터크[Mechanical Turk]라는 서비스에서 840명을 모집했다.

그림의 추상화 수준을 정하기 위해서, 우리는 아마존 메커니컬 터크에서 서로 모르는 참가자 40명에게 추상화가 가장 덜한 것부터 가장 심한 것까지, 얼마나 추상적이라고 생각하느냐에 따라서 1~7점 사이의 등급을 매겨달라고 했다.

시간적 거리를 측정하기 위해서, 각 참가자에게 자신을 아트 컨설턴트라고 상상하라고 하고서 작품을 한 점씩 보여주면서 '내일'과 '1년 뒤'에 여는 화랑 중 어디에 전시해야 할지 물었다. 그러자 작품의 추상화 수준과 시간적 거리 사이에 통계적으로 유의미한 관계가 있음이 드러났다. 추상 미술은 재현 미술보다 1년 뒤에 여는 화랑에

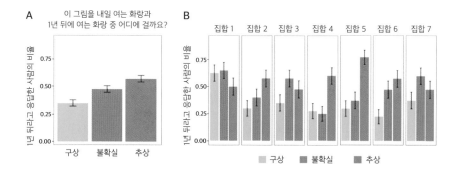

7.2   실험 1의 결과. 추상 미술은 불확실한 미술과 재현(구상) 미술보다 시간적 거리를 더 벌린다. A. 미술의 범주가 시간적 거리 판단에 미치는 효과. B. 미술 범주가 거리 반응에 미치는 효과를 작품별로 살펴본 결과. 각 미술 집합은 재현(구상) 작품, 불확실 작품, 추상 작품 한 점씩으로 이루어지며, 같은 화가의 작품들이 한 집합을 이룬다. 오차 막대는 표준 오차를 가리킨다. 출처: 그림 7.1과 동일.

걸릴 가능성이 더 높았다(그림 7.2).

그러나 우리는 추상 미술이 감상자로부터 더 추상적인 표상을 이 끌어내기는 하지만, 미술사에서 더 나중에 나온 양식이므로 감상자 가 추상 미술을 보다 미래와 연관 지을 수도 있다는 것을 알아차렸 다. 우리는 두 번째 실험에서는 공간적 거리를 검사함으로써 이 문 제를 살펴보았다.

실험 2: 추상 미술과 공간적 거리

우리는 시간적 거리 대신에 공간적 거리를 적용해 실험 2를 설계 했다. 실험 2의 참가자들은 아마존 메커니컬 터크에서 실험 1과 별 도로 모집했다. 공간적 거리를 측정하기 위해서 각자에게 그림을 한 점씩 보여주면서 자신이 아트 컨설턴트라면 '동네 모퉁이'에 여는 화랑과 '다른 주'에 여는 화랑 중 어디에 걸겠냐고 물었다.

각 작품의 추상화 수준과 공간적 거리 사이에는 통계적으로 유의미한 관계가 있음이 드러났다. 감상자는 추상 미술을 다른 주에 여는 화랑에 전시할 가능성이 더 높았다. 이런 결과는 추상 미술이 재현 미술에 비해 더 추상적인 표상을 불러낸다는 것을 시사한다. 게다가 이 결과는 감상자가 '시간적 거리'와 '추상 미술이 역사적으로 더 나중에 나왔다는 사실'을 혼동한 결과로 나온 것이 아니었다.

이제 우리는 이 두 실험에서 감상자의 거리 판단이 미술 선호나 미술 경험에 영향을 받는지 궁금해졌다. 이를 알아보고자 우리는 세 번째 실험을 했다.

실험 3: 거리, 선호, 미술 경험

실험 3에서는 선호와 경험이 시간적 거리의 판단에 어떠한 역할을 하는지 여부를 살펴보았다. 앞의 두 실험과 달리, 실험 3은 실험실 환경에서 진행했다. 각 참가자에게 그림 스물한 점을 모두 보여주고서 시간적 거리를 판단하고, 좋아하는 정도를 평가하고, 미술 경험을 묻는 질문들에 답하도록 했다. 우리는 컬럼비아대학교 안팎에 광고를 내어 자원자 51명을 모집했다. 다음 두 질문을 통해서 미술 경험이 거의 또는 전혀 없는 이들을 골랐다. 자신의 미술 경험을 요약한다면? 일주일에 몇 시간 미술을 감상하는지?

우리는 27인치 아이맥 모니터에 무작위 순서로 한 번에 한 점씩 그림을 띄워서 각 참가자에게 보여주었다. 작품들은 크기와 해상도를 동일하게 했다. 그러면서 참가자들에게 '내일'과 '1년 뒤'에 여는 화랑 중 어디에 전시할지 물었다. 먼저 참가자들에게 그림들을 다 보여준 뒤, 다시 한 점씩 보여주면서 얼마나 마음에 드는지를 7점 리커트 척도로 평가해달라고 했다. 이어서 작품이 얼마나 추상적인지를 1~7점 사이로 평가해달라고 했다. 가장 덜 추상적인 것이 1점이고, 가장 추상적인 것이 7점이었다. 마지막으로 참가자들에게 미술을 접한 경험에 따라 새내기, 애호가, 미술가, 미술사학자 중에 택하고, 일주일에 미술 감상에 몇 시간을 쓰는지 적어달라고 했다. 최종 선택한 47명은 새내기라고 말한 사람 24명, 애호가라고 답한 사람 23명이었다.

실험 결과는 앞의 두 실험들에서와 마찬가지로, 작품의 추상화 범주가 시간적 거리의 유의미한 예측자임을 보여주었다. 불확실한 미술과 추상 미술 모두 재현 미술보다 '1년 뒤'에 열리는 화랑에 걸릴 가능성이 상당히 더 높았다. 참가자들의 시간적 거리 판단이 미술의 주관적으로 정해지는 범주화에서 비롯되지 않도록 하기 위해서, 우리는 참가자들이 앞서 매긴 추상화 수준 등급이 그 결정에 미치는 영향도 살펴보았다. 그러자 참가자들이 매긴 추상화 수준 등급이 시간적 거리의 중요한 예측자임이 드러났다. 즉 추상화 평균 등급이 높은 작품일수록 더 나중에 전시하는 쪽으로 분류될 가능성이 높았다.

선호도 시간적 거리에 중요한 효과를 미쳤다. 참가자들은 자신이 좋아하는 그림을 1년 뒤에 여는 화랑에 전시하고 싶어 하지 않았다. 선호와 추상 사이에는 유의미한 상호작용이 전혀 없었다. 따라서 우리는 선호와 추상화 등급의 효과가 부가적이며, 선호를 감안해서 보정을 해도, 추상화 수준이 시간적 거리에 미치는 효과는 지속된다고 결론을 내렸다.

선호가 시간적 거리에 중요한 효과를 미친다는 발견은 미술 전문 지식이나 미술 경험, 또는 양쪽이 추상 미술로 유도된 시간적 거리에 영향을 미칠까 하는 의문을 불러일으킨다. 그런데 이 두 가지 미술 경험의 척도는 어느 것도—참가자와 미술의 관계도, 참가자가 일주일에 몇 시간 동안 미술을 감상하는지도—시간적 거리에 유의미한 효과를 일으키지 않는다는 것을 시사했다. 새내기든 애호가든 거리 반응에는 차이가 없었다. 일주일에 몇 시간 미술을 감상하는지도 상관없었다.

처음 두 실험에서는 추상 미술이 재현 미술보다 더 멀리 놓일 가능성이 높게 나왔다. 선호 여부는 참가자가 어떤 선택을 할지 예측할 수 있는 지표임이 드러났지만, 우리는 선호를 감안해도, 추상화 수준이 거리에 미치는 효과가 여전히 남아 있음을 알았다. 이는 추상 미술이 재현 미술보다 더 심리적 거리를 불러일으키며, 따라서 감상자에게 더 추상적인 인지 상태를 야기한다는 것을 시사한다.

결론

미술은 감상자에게 어떤 마음 상태를 일으키도록 고안되어 있지만,[23] 추상 미술과 재현 미술이 일으키는 마음 상태는 어떻게 다를까? 동료들과 나는 이론과 경험을 토대로 심리적 거리를 해석 수준의 지표로 삼았다.[24] 우리가 한 세 실험 모두에서 참가자는 추상 미술을 시간적으로나 공간적으로 더 멀리 놓을 가능성이 높았다. 이 거리 할당 패턴은 추상 미술이 재현 미술보다 해석 수준이 더 높음을 시사한다.

시공간의 확장과 연결

해석 수준 이론은 심리적 거리가 있는 대상의 추상적 해석이 본질적 특징을 통해 그 대상을 표상하는 과정을 수반한다는 것을 보여주었다. 맥락이 바뀌어도 변하지 않는 특징들을 말한다.[25] 그러나 거리는 맥락의 변화 가능성을 수반한다. 따라서 환경이 바뀔 때 달라질 수 있는, 거리가 먼 대상이나 사건의 부수적인 특징들은 환경 변화로 아예 무관한 것이 될 수도 있다. 이런 의미에서 추상적인 정신적 해석은 맥락이 불확실한 거리가 먼 정신적 사건을 예측하고 계획하는 데 도움을 주는 적응적 도구 역할을 한다.

우리 연구에서 참가자들이 추상 미술을 더 먼 맥락에 할당한다는 것은 추상 미술이 시간이나 공간이 변화해도 그다지 달라지지 않는 재현물을 묘사한다는 것을 시사한다. 추상 미술은 지금 여기의 특이성을 초월하며, 더 다양한 맥락에서 관련성을 유지한다.

우리 실험에 작품이 쓰인 피에트 몬드리안, 그리고 바실리 칸딘스키Wassily Kandinsky와 앙리 마티스Henri Matisse는 맥락 개념에 깊이 기댄 추상의 이론을 구축한 세 화가다.[26] 이들은 추상을 불변의 현실 법칙을 드러내는 과정이라고 보았다. 이 일은 회화를 모든 맥락과 분리함으로써만 해낼 수 있다. 몬드리안은 자연 세계를 떠올리게 할 만한 모든 것을 제거하여, 추상 미술이 "우리를 둘러싼 현실에 숨겨져 있으며 변하지 않는 법칙"[27]을 드러낼 수 있음을 강조했다. "자연 형상을 형상의 불변 요소들로 그리고 자연의 색들을 원색으로"[28] 환원함으로써, 그는 색깔과 형상의 본질적인 진리를 분리하려고 시도했다. 마찬가지로 칸딘스키[29]와 마티스[30]는 추상 미술을 맥락 변화와 상관없이 시간이 흘러도 동일하게 유지될 고립된 현실의 특성이라고 말한다. 이 화가들은 맥락 불변 재현물을 만들기 위해 여러 해 동안 고심했다. 우리 연구는 이런 맥락 불변 재현물이 실제로 감상자에게서 표상으로 구현된다는 것을 보여준다.

맥락 의존 재현물이 더 외부적인 감각 정보를 포함하는 반면, 맥락 불변 재현물은 우리가 기억에 담고 있는 것과 더 관련이 있다.[31] 비록 예전에 신경미학 연구를 통해서 추상 미술을 수동적으로 볼 때 단순한 감각 정보를 처리하는 뇌 영역이 활성을 띤다는 것이 밝혀지긴 했지만,[32] 우리 발견은 추상 미술의 능동적 해석이 직접적인 감각 경험을 초월하고 감상자에게서 더 고차원 표상을 불러일으킴으로써, 기억에 관여하는 뇌 영역을 활성화할 수 있음을 시사한다.[33] 정말로 그렇다면, 다양한 미술 형식을 볼 때 뇌의 감각 영역에서는 서로 다른 신경 활성 패턴이 나타날 것이고, 해석 경험도 서로 다를 것이 분명하다.

이 예측은 앞으로 검증되어야 한다. 감상자가 추상 미술과 재현 미술 작품들의 심리적 거리를 판단할 때, 기능자기공명영상을 써서 시각 영역과 더 고차원 인지 영역의 연결 관계를 비교하는 것이 한 가지 방법이 될 수 있다. 이런 결정이 뇌에서 기억 처리 모드를 더 활성화한다는 발견은 감상자의 뫃이 우리가 미술 작품에 의미를 부여하기 위해서 우리의 기대와 기억을 작품에 투영하는 능동적 과정이라는 개념을 뒷받침한다.[34] 그런 과정은 모든 미술을 감상하는 데 필요하지만, 추상 미술을 감상할 때는 특히 더 필요하다.

전반적으로 우리 연구는 추상 미술이 맥락 불변 형태로 표현됨으로써, 감상자가 마음속으로 시간과 공간을 자유롭게 오갈 수 있도록 함으로써, 시간적·공간적으로 더 멀리 놓이게 하는 결과가 빚어짐을 시사한다. 대조적으로 재현 미술은 시간적·공간적으로 범위가 더 한정되고 좁다.

미술의 영역에서 이루어진 이 발견은 사회적 거리[35]와 가상성hypotheticality[36] 등 심리적 거리의 다른 차원들에까지 확장될 수도 있다. 추상 미술은 사회적으로 동떨어져 있는 다양한 감상자들에게 미적 경험을 제공하고 그들을 연결함으로써 여러 사회적 거리를 오갈 수도 있다. 마찬가지로 추상 미술은 다양한 가상의 결과들에 상관없이 불변 상태를 유지할 수도 있고, 상상하거나 더 나아가 있을 법하지 않은 감상자와 상황까지도 연결지을 수도 있다. 마지막으로 맥락 독립적 재현물이 기억을 동원한다고 여겨지는 것처럼, 추상 미술은 감상자에게서 감각 처리 과정과 기억 과정 사이에 독특한 관계를 빚어낼 수도 있다. 또 추상 미술은 기억이 공통의 메커니즘으로서 하는 역할을 연구하도록 자극하는 의문들을 제기한다. 우리가 미술 작품과 심리적으로 거리가 먼 상황에 우리 자신을 투영하는 메커니즘을 말한다.

미술과 과학이라고 하면, 전혀 어울리지 않는 조합 같다. 그러나 신경 연구로 노벨상을 받은 석학이자 예술에도 해박한 지식을 갖춘 저자는 양쪽을 잇는 다리를 건설하기 위해 오랜 세월 노력해왔다.

저자의 노력은 다양한 각도에서 이루어져왔다. 그는 자신이 자란 곳이기도 한 1900년대 초의 오스트리아 빈을 이 논의의 출발점으로 삼는다. 그는 클림트, 코코슈카, 실레로 대변되는 빈 모더니즘이 과학과의 상호작용을 통해 출현하고 발전했음을 잘 보여준다. 또 이 상호작용을 문화적으로는 기독교인과 유대인의 상호작용이라는 관점에서 볼 수 있다는 것도 밝힌다. 유대인에게 옹호적이었던 당시의 분위기가 어떻게 과학과 예술의 활발한 교류와 소통을 낳았고, 그것이 어떻게 빈의 독특한 예술 사조로 이어졌는지를 설명한다.

당연히 생물학자답게 저자는 이론과 추론에서 머물지 않는다. 저자는 구상 미술과 추상 미술의 차이가 무엇이고, 우리가 양쪽을 어떤 식으로 감상하며, 그 차이가 어디에서 비롯되는지를 하나하나 따진다. 그리고 그 차이가 양쪽 미술을 접할 때 뇌에서 일어나는 차이와 관련이 있다는 것도 보여준다. 아예 더 나아가 양쪽 미술을 볼 때 감상자의 뇌에서 어떤 식으로 반응이 일어나는지 실험까지 한다. 즉 미술 작품을 볼 때 우리 뇌가 어떤 반응을 보이며, 구상 미술과 추상 미술을 볼 때 뇌에서 어떤 일이 일어나는지 밝히고자 노력한다.

저자는 이렇게 미술 작품을 볼 때 뇌에서 일어나는 반응을 구체적으로 파악함으로써, 우리의 미술 이해가 더 깊어질 것이라고 본다. 한 예로 추상 미술 작품을 보기 전에 난해하고 추상적인 음악이나 책이나 영화를 본다면, 뇌는 추상적인 개념에 더 친숙해지는 쪽으로 일종의 조정이 이루어진다는 것을 보여준다. 즉 뇌가 추상 미술 작품을 감상하기에 더 좋은 상태가 된다는 것이다. 미술가도 뇌가 미술 작품에 어떻게 반응하는지를 더 깊이 이해한다면, 감상자에게서 원하는 반응을 더 잘 이끌어내는 쪽으로 창작을 할 수 있을 것이다.

저자는 클림트의 작품에 담긴 상징들이 생물학에서 나온 정자, 난자, 분열하는 수정란을 가리킨다는 사실을 밝혀낸 이래로, 생물학과 특히 뇌과학의 관점에서 미술을 바라보는 독특한 시도를 해왔다. 이 책은 일반 대중을 대상으로 한 강연과 소책자 등을 통해 한 이야기들을 모은 것이기에, 저자의 관점이 더욱 쉽게 와닿는다. 과학자들이 연구를 하면서 느끼는 새로운 발견의 기쁨을 미술 작품에서도 느끼자는 것이 저자의 의도가 아닐까 싶다.

한편으로 이렇게 미술에 과학을 갖다 대면, 감정을 너무 이성적으로 재단하는 것이 아닐까 하는 생각도 든다. 과학을 전공한 번역자의 입장에서는 오히려 그래서 더 잘 와닿긴 하지만 말이다. 젊은 시절 역자가 미술관에 가서 전시물을 소개하는 인쇄물을 펼치면, 감상적인 현란한 수식어가 가득 나열된 글과 마주치곤 했다(솔직히 그 시절에는 올바른 문장으로 쓴 글을 찾기도 힘들었다). '이런 글을 미술 애호가들은 이해하는구나' 하는 생각이 들면서, 과학과 미술의 거리감을 새삼 느꼈던 기억이 난다.

그렇게 보면 캔델의 책은 역자와 같은 수준의 미술 지식을 갖춘 이들에게 새로운 관점과 이해의 방향을 알려주는 안내서 역할도 하는 셈이다. 이 책에서 저자는 확실히 보여준다. 클림트처럼 노골적으로 알고 했든 추상화가처럼 모르고 했든 간에 미술은 점점 과학을 받아들이고 활용해왔으며, 더 나아가 과학 지식이 창작과 미술 감상에 큰 도움이 될 수 있다고.

주석 및 참고문헌

1장

이 글은 원래 올리버 라트콜브Oliver Rathkolb가 편찬한 《반유대주의의 긴 그림자Der Lange Schatten des Antisemitismus》(2013)에 실린 것이다. 빈대학교에서 열린 '1870년으로 거슬러 올라가는 빈대학교의 반유대주의의 긴 그림자'라는 심포지엄에서 발표했다.

《통찰의 시대》에서 내 글을 탁월하게 편집해주었고 이 글에서도 놀라운 통찰력을 발휘한 블레어 포터Blair Potter에게 큰 빚을 졌다. 또 여러 대목에서 탁월한 평을 해준 펠리시타스 제바허에게도 감사한다. 마지막으로 이 글을 위한 미술 프로그램을 구성하는 데 도움을 준 동료 크리스 윌콕스Chris Wilcox에게도 고맙다는 말을 전한다.

이 글의 대부분을 차지하는 미술과 과학에 관한 논의는 내 책 《통찰의 시대》를 토대로 삼았다. 특히 2, 3, 6, 7, 8, 11, 12, 13, 15, 25장과 관련 참고문헌들을 참조했다.

유대인과 무슬림 스페인

Menocal, Maria Rosa. 2002. *The Ornament of the World: How Muslims, Jews and Christians Created a Culture of Tolerance in Medieval Spain*. New York: Little, Brown.

유대인 화가들을 비롯한 빈의 유대인

Beller, Steven. 1995. *Vienna and the Jews 1867–1938: A Cultural History*. New York: Cambridge University Press.

Breincha, Otto. 1993. *Gerstl und Schönberg: Eine Beziehung*. Salzberg: Galerie Welz.

Howarth, Herbert. 1950. "Jewish Art and the Fear of the Image: The Escape from an Age-Old Inhibition." *Commentary*.

Johnson, Julie M. 2012. *The Memory Factory: The Forgotten Women Artist of Vienna 1900*. West

Lafayette, IN: Purdue University Press.

McCagg Jr., William O. 1992. *A History of Habsburg Jews 1670–1918*. Bloomington: Indiana University Press.

Meyers, Christian, and Therese Muzender, eds. 2005. *Arnold Schönberg: Catalogue Raisonné*. London: Thames and Hudson.

Zweig, Stefan. 1943. *The World of Yesterday: An Autobiography by Stefan Zweig*. Lincoln: University of Nebraska Press.

로키탄스키와 빌로트 이야기

Seebacher, Felicitas. 2011. *Das Fremde im 'deutschen' Tempel der Wissenschaft Verlag der 'Österreichische Akademie der Wissenschaften.'* Vienna: Veröffentlichungen der Kommission für Geschichte der Naturwissenschaften, Mathematik und Medizin.

그밖의 참고문헌들

Billroth, Theodor. 1875. *Über des Lehren Und Lernen De Medicinischen Wissenschaften an Den Universitäten Der Deutschen Nation Nebst Allgemeinen Bemerkungen Über Universitäten: Eine Culturhistorische Studie*. Vienna: Druck und Verlag von Carl Gerold's Sohn.

Freud, Sigmund. 1989 [1905]. "Fragment of an Analysis of a Case of Hysteria." *The Standard Edition of the Complete Psychological Works of Sigmund Freud, Volume VII (1901–1905): A Case of Hysteria, Three Essays on Sexuality and Other Works*, 1–122. New York: Norton.

Goldman, Alvin I. 2012. "Theory of Mind." In *Oxford Handbook of Philosophy and Cognitive Science*, ed. Eric Margolis, Richard Samuels, and Stephen Stich, 402–24. Oxford: Oxford University Press.

Gombrich, Ernst. 1960. *Art and Illusion: A Study of the Psychology of Pictorial Representation*. London: Phaidon.

Gregory, Richard L. 2009. *Seeing through Illusions*. New York: Oxford University Press.

Rokitansky, Carl von. 1862. "Freiheit der Naturforschung." Speech presented at Feierliche Eröffnung des pathologisch-anatomischen Instituts im k. k. allg. Krankenhaus, Vienna, May 24.

Rumpler, Helmut, Helmut Puzzle, and Christine Ottner, eds. 2005. *Carl Freiherr von Rokitansky (1804–1878): Pathologe—Politiker—Philosoph; Gründer der Wiener Medizinischen Schule des 19. Jahrhunderts; Gedenkschrift zum 200. Geburtstag*. Vienna, Cologne, and Weimar: Bohlau.

Saxe, R., and N. Kanwisher. 2003. "People Thinking about Thinking People: The Role of the Temporo-Parietal Junction in 'Theory of mind.'" *NeuroImage* 19, no. 4: 1835–42.

Schnitzler, Arthur. 1924. *Fräulein Else. Novelle*. Vienna and Leipzig: Paul Zsolnay. Tietze, Hans. 1933. *Die Juden Wiens: Geschichte—Wirtschaft—Kultur*. Vienna and Leipzig: E. P. Tal & Co. Verlag.

크라이스키

Fischer, Heinz. 1994. *Die Kreisky Jahre, 1967–1983(Sozialistische Bibliothek)*. Vienna: Löcker Verlag.

2장

이 글이 원래 실린 곳. "Empathies and the Uncertainties of Being in the Paintings of Chaim Soutine: A Beholder's Perspective," in *Life in Death: Still Lifes and Select Masterworks of Chaim Soutine*, ed. Esti Dunow and Maurice Tuchman (New York: Paul Kasmin Gallery, 2014), 11–25. 참고문헌은 주 항목을 보라.

이 글에 통찰이 담긴 평을 해준 블레어 포터, 질리언 데이비슨, 톰 올브라이트, 찰스 길버트, 버지니아 배리께 감사드린다.

1. Eliane Strosberg, *The Human Figure and Jewish Culture* (New York: Abbeville Press, 2010).
2. Oded Irshai in Nicholas De Lange, ed., *The Illustrated History of the Jewish People* (New York: Houghton Mifflin Harcourt, 1997). 더 앞서 기원전 약 586년에도 이스라엘 북왕국의 열 개 부족이 추방되면서 분산이 일어났다. 그들의 운명은 유대 역사에서 가장 큰 수수께끼 중 하나로 남아 있다. 디아스포라의 역사는 이스라엘 남부에 살았고 그 뒤에 어떤 운명을 겪었는지 알려져 있는 유대족와 벤야민족을 중심으로 펼쳐진다.
3. Strosberg, *The Human Figure and Jewish Culture*.
4. A. J. Heschel, *The Earth Is the Lord's: The Inner World of the Jew in East Europe* (New York: Henry Schuman, 1950).
5. De Lange, *Illustrated History of the Jewish People*.
6. Jonathan Wilson, *Marc Chagall*, Jewish Encounters Series (New York: Schocken, 2007).
7. See Wilson, *Marc Chagall*.
8. Jackie Wullschläger, *Chagall: A Biography* (New York: Knopf, 2008).
9. Yekhezkel Kotik, *Journey to a Nineteenth-Century Shtetl: The Memoirs of Yekhezkel Kotik* (1913), ed. and with an introduction by David Assaf (Detroit: Wayne State University Press, 2002), 157. See also Tree Smith, "Chaim Soutine's Carcass Paintings," accessed March 2014, http://artand perception.com/2009/12/chaim-soutine's-carcass-paintings-part-1.html.
10. *Memoirs of Yekhezkel Kotik*, 157–58.
11. Andrew Forge, *Soutine* (London: Spring Books, 1965); Marie Boyé, Nadine Nieszawer, and Paul Fogel, *Paintres Juifs à Paris 1905–1939, École de Paris* (Paris: Éditions Denoel, 2000).
12. Christopher Benfey, "Wandering Jew," review of the exhibition *"An Expressionist in Paris: The Paintings of Chaim Soutine"* (Jewish Museum, New York, April 26–August 16, 1998), http://www.slate.com/articles/arts/art/1998/05/wandering_jew.html; A. E. Kuznetsova, "Artist of the Week: Chaim Soutine," http://artinvestment.ru/en/invest/ideas/20130530_ Soutine.html.
13. Forge, *Soutine*, 37.
14. Forge, *Soutine*, 12.
15. H. W. Janson, *History of Art* (Englewood Cliffs, NJ: Prentice-Hall, 1969), 522.
16. Smith, "Chaim Soutine's Carcass Paintings."
17. Strosberg, *The Human Figure and Jewish Culture*; A. J. Heschel, "The Eastern European

Era in Jewish History," in *Yivo Annual of Jewish Social Science*, vol. 1 (New York: Yiddish Scientific Institute-Yivo, 1946), 86–106.

18. Steven M. Nadler, *Rembrandt's Jews* (Chicago: University of Chicago Press, 2003).

19. Emily Yetzer, "Soutine's Carcass of Beef: Is It Any Good?" http://www. examiner.com/ article/soutine-s-carcass-of-beef-is-it-any-good.

20. See Simon Lacey and Krish Sathian, "Representation of Object Form in Vision and Touch," in *The Neutral Bases of Multisensory Processes*, ed. Michah M. Murray and Mark T. Wallace (Boca Raton, FL: CRC Press, 2012), chap. 10.

21. Élie Faure, *Soutine* (Paris: G. Crès, 1929), 522.

22. Susan Tumarkin Goodman, *Chagall: Love, War, and Exile* (New York: Jewish Museum, 2013).

23. David I. Perrett, D. Michael Burt, Ian S. Penton-Voak, Kieran J. Lee, Duncan A. Rowland, and Rachel Edwards, "Symmetry and Human Facial Attractiveness," *Evolution and Human Behavior* 20 (1999): 295–307.

24. V. S. Ramachandran and William Hirstein, "The Science of Art: A Neurological Theory of Aesthetic Experience," *Journal of Consciousness Studies* 6 (1999): 15.

25. For details, see Eric R. Kandel, *The Age of Insight: The Quest to Understand the Unconscious in Art, Mind, and Brain From Vienna 1900 to the Present* (New York: Random House, 2012), chap. 27.

26. As cited in Marie-Madeleine Massé, *Soutine: Le lyrisme de la matière* (Paris: Musée de l'Orangerie, 2012).

27. Doris Y. Tsao, Sebastian Moeller, and Winrich A. Freiwald, "Comparing Face Patch Systems in Macaques and Humans," *Proceedings of the National Academy of Sciences* 49 (2008): 19514–19; Winrich A. Freiwald and Doris Y. Tsao, "A Face Feature Space in the Macaque Temporal Lobe," *Nature Neuroscience* 12 (2009): 1187–96.

28. P. Sinha, "Q_ualitative Representations for Recognition," in *Biologically Motivated Computer Vision Second International Workshop*, BMCV 2002, Tübingen, Germany, November 22–24, 2002, ed. Heinrich H. Bülthoff, Seong-Whan Lee, Tomaso Poggio, and Christian Wallraven (Berlin: Springer Nature, 2002), 249–62.

29. Shay Ohayon, Winrich A. Freiwald, and Doris Y. Tsao, "What Makes a Cell Face Selective? The Importance of Contrast," *Neuron* 74 (2012): 567–81.

30. Tsao, Miller, and Freiwald, "Comparing Face Patch Systems in Macaques and Humans."

31. See also Lynne J. Walhout Hinojosa, *The Renaissance, English Cultural Nationalism, and Modernism, 1860–1920* (New York: Palgrave Macmillan, 2009).

32. A. Pascual-Leone and R. H. Hamilton, "The Metamodal Organization of the Brain," *Progress in Brain Research* 134 (2001): 427–45.

33. S. Lacey and K. Sathian, "Representation of Object Form in Vision and Touch," in *The Neural Bases of Multisensory Processes*, ed. M. M. Murray and M. T. Wallace (Boca Raton, FL: CRC Press, 2012), chap. 10.

34. K. Sathian, S. Lacey, R. Stilla, G. O. Gibson, G. Deshpande, X. Hu, S. Laconte, and C. Glielmi, "Dual Pathways for Haptic and Visual Perception of Spatial and Texture Information," *NeuroImage* 57, no. 2 (2011): 462–75.

35. C. Hiramatsu, N. Goda, and H. Komatsu, "Transformation from Image-based to Perceptual Representation of Materials Along the Human Ventral Visual Pathway," *NeuroImage* 57, no. 2(2011): 482–94.

36. Hiramatsu, Goda, and Komatsu, "Transformation from Image-based to Perceptual Representation of Materials."

37. Sathian et al., "Dual Pathways for Haptic and Visual Perception of Spatial and Texture Information."

3장

이 글은 원래 2015년 10월 22일부터 2016년 2월 28일까지 오스트리아 빈의 벨베데레 하궁 미술관에서 열린 전시회의 도록에 실렸다. "The Women of Klimt, Schiele and Kokoschka", *The Women of Klimt, Schiele and Kokoschka,* ed. Agnes Husslein-Arco, Jane Kallir, Alfred Weidinger, Eric R. Kandel, and Mateusz Mayer (Munich: Prestel Publishing, 2015). 참고문헌은 주 항목을 보라.

1. Ernst Gombrich, *The Story of Art* (London: Phaidon Press, 1995), 568–69.

2. Doris Tsao, Sebastian Moeller, and Winrich Freiwald, "Comparing Face Patch Systems in Macaques and Humans," *PNAS* 105, no. 49 (2008): 19514–19, https://www.pnas.org/doi/abs/10.1073/pnas.0809662105.

3. Winrich Freiwald and Doris Tsao, "A Face Feature Space in the Macaque Temporal Lobe," *Nature Neuroscience* 12 (2009): 1187–96.

4. Sigmund Freud, "Some Psychical Consequences of the Anatomical Distinction between the Sexes," *Internationale Zeitschrift fur Psychoanalyse* 19 (1925): 248–58.

5. David J. Anderson, "Optogenetics, Sex, and Violence in the Brain: Implications for Psychiatry," *Biological Psychiatry* 71, no. 12 (2012): 1081–89.

6. Johann Wolfgang von Goethe, *Faust,* in *Goethes Werke,* vol. 3, ed. Ernst Merian Genast (Basel: Verlag Birkhäuser, 1944), 368.

7. Goethe, *Faust,* 363.

4장

이 글은 원래 2013년 10월 19일 뉴욕 메트로폴리탄 미술관에서 한 TED×Met 강연 원고다. https://www.youtube.com/watch?v=JycFIglkHI.

Adelson, Edward H. 1993. "Perceptual Organization and the Judgment of Brightness." *Science* 262:2042–2043. Oxford: Clarendon Press.

Albright, Thomas. 2013. "On the Perception of Probable Things: Neural Substrate of Associative Memory, Imagery, and Perception." *Neuron* 74, no. 2: 227–45.

Berkeley, George. 1709. "An Essay Towards a New Theory of Vision." In *The Works of George Berkeley, Bishop of Cloyne*, ed. Arthur A. Luce and Thomas E. Jessop, vol. 1, 171–239. London: Nelson, 1948–1957. Originally published in *George Berkeley, An Essay Towards a New Theory of Vision* (Dublin: printed by Aaron Rhames for Jeremy Pepyat.

Darwin, Charles. 1872. *The Expression of the Emotions in Man and Animals*. New York: Appleton-Century-Crofts.

Freiwald, Winrich, and Doris Tsao. 2009. "A Face Feature Space in the Macaque Temporal Lobe." *Nature Neuroscience* 12: 1187–1196.

Frith, Chris. 2007. *Making Up the Mind: How the Brain Creates Our Mental World*. Oxford: Blackwell.

Gombrich, Ernst H. 1960. *Art and Illusion: A Study in the Psychology of Pictorial Representation Summary*. London: Phaidon.

Gregory, Richard L. 2009. *Seeing Through Illusions*. New York: Oxford University Press.

Kandel, Eric R. 2012. *The Age of Insight: The Quest to Understand the Unconscious in Art, Mind, and Brain from Vienna 1900 to the Present*. New York: Random House.

Ohayon Shay, Winrich A. Freiwald, and Doris Y. Tsao. 2012. "What Makes a Cell Face Selective? The Importance of Contrast." *Neuron* 74: 567–81.

Purves, Dale, and R. Beau Lotto. 2010. *Why We See What We Do Redux: A Wholly Empirical Theory of Vision*. Sunderland, MA: Sinauer Associates.

Sinha, P. 2002. "Qualitative Representations for Recognition." *Journal of Vision* 1: 249–62.

Tsao, Doris Y., Sebastian Moeller, and Winrich A. Freiwald. 2008. "Comparing Face Patch Systems in Macaques and Humans." *PNAS* 49: 19514–19.

West, Shearer. 2004. *Oxford History of Art: Portraiture*. Oxford: Oxford University Press.

Zeki, Semir. 1993. *A Vision of the Brain*. Oxford: Blackwell Scientific Publications.

5장

이 글이 원래 실린 곳. *Cubism: The Leonard A. Lauder Collection*, ed Emily Braun and Rebecca Rabinow, 106-15. (Copyright©2014 by The Metropolitan Museum of Art, New York. Reprinted by permission.)
원고를 읽고 통찰력이 엿보이는 평을 해준 에밀리 브라운Emily Braun에게 큰 빚을 졌다. 덕분에 내용이 훨씬 더 명쾌해졌다. 마찬가지로 원고를 읽고 평해준 앤 템프킨, 토니 모브숀, 블레어 포터에게도 감사한다.

이 글은 내 책《통찰의 시대》(2012)에서 다룬 내용도 참조했다. 특히 11~18장과 그 참고문헌들이 그렇다. 다음 저서도 참조했다. *Principles of Neural Science*, 4th ed., ed. Eric R. Kandel, James H. Schwartz, and Thomas M. Jessell (New York: McGraw Hill, 2000).

Adelson, Edward H. 1993. "Perceptual Organization and the Judgment of Brightness." *Science* 262: 2042–44.

Albright, Thomas D. 2012. "Perception and the Beholder's Share," a conversation with Roger Bingham. The Science Network, http://thesciencenetwork.org.

Baxandall, Michael. 1994. "Fixation and Distraction: The Nail in Braque's Violin and Pitcher (1910)." In *Sight and Insight: Essays on Arts and Culture in Honour of E.H. Gombrich at Age 85*, ed. John Onians, 399–415. London: Phaidon.

Berkeley, George. 1709. "An Essay Towards a New Theory of Vision." In *The Works of George Berkeley, Bishop of Cloyne*, ed. Arthur A. Luce and Thomas E. Jessop, vol. 1, 171–239. London: Nelson, 1948. Originally published as George Berkeley, *An Essay Towards a New Theory of Vision* (Dublin: Aaron Rhames for Jeremy Pepyat, 1709).

Brenson, Michael. 1989. "Picasso and Braque: Brothers in Cubism." *New York Times*, September 22, C1, C30.

Brodie, Judith with Sarah Boxer et al., eds. 2012. *Shock of the News*. Exhibition catalogue. Washington, DC: National Gallery of Art.

Darwin, Charles. 1872. *The Expression of the Emotions in Man and Animals*. New ed. Ed. Joe Cain and Sharon Messenger. London: Penguin, 2009.

Deregowski, Jan B. 1973. "Illusion and Culture." In *Illusion in Nature and Art*, ed. Richard L. Gregory and Ernst H. Gombrich, 161–91. London: Duckworth.

Freud, Sigmund. 1900. "The Interpretation of Dreams." In *The Standard Edition of the Complete Psychological Works of Sigmund Freud*, ed. and trans. James Strachey. Vols. 4 and 5. London: The Hogarth Press and the Institute of Psycho-Analysis, 1953.

_____. 1911. "Formulations on the Two Principles of Mental Functioning." In *The Standard Edition of the Complete Psychological Works of Sigmund Freud*, ed. James Strachey. Vol. 12, 213–26. London: The Hogarth Press and the Institute of Psycho-Analysis, 1958.

Gilbert, Charles D. 2013. "Top-Down Influences on Visual Processing." *Nature Reviews: Neuroscience* 14, no. 5: 350–63.

_____. 2012. "Intermediate-Level Visual Processing and Visual Primitives." In *Principles of Neural Science*, 5th ed., ed. Eric R. Kandel, James H. Schwartz, Thomas M. Jessell, Steven A. Siegelbaum, and A. J. Hudspeth, 602–20. New York: McGraw-Hill, pp. 602–20.

Gombrich, Ernst H. 1984. "Reminiscences on Collaboration with Ernst Kris (1900–1957)." In *Tributes: Interpreters of Our Cultural Tradition*. Ithaca, NY: Cornell University Press.

_____. 1982. *The Image and the Eye: Further Studies in the Psychology of Pictorial Representation*. London: Phaidon.

_____. 1960. *Art and Illusion: A Study in the Psychology of Pictorial Representation*. The A.W.

Mellon Lectures in the Fine Arts. Bollingen Series 35, no. 5. New York: Pantheon, 282; see also 203–59, 297.

Gopnik, Adam. 1983. "High and Low: Caricature, Primitivism, and the Cubist Portrait." *Art Journal* 43, no. 4: 371–76.

Gregory, Richard L. and Ernst H. Gombrich, eds. 1973. *Illusion in Nature and Art*. London: Duckworth.

Haxthausen, Charles W. 2011. "Carl Einstein, Daniel-Henry Kahnweiler, Cubism, and the Visual Brain." Nonsite.org no. 2, Evaluating Neuroaesthetics; https://nonsite.org/issues/issue-2-evaluating-neuroaesthetics.

Henderson, Linda Dalrymple. 1988. "X Rays and the Q_uest for Invisible Reality in the Art of Kupka, Duchamp, and the Cubists." *Art Journal* 47, no. 4: 323–40.

James, William. 1890. *The Principles of Psychology*. New ed. in 3 vols. Cambridge, MA: Harvard University Press, 1981, vol. 2, 747.

Kandel, Eric. 2012. *The Age of Insight: The Quest to Understand the Unconscious in Art, Mind, and Brain drom Vienna 1900 to the Present*. New York: Random House, 202–3.

Kemp, Wolfgang. 1999. "Introduction." In *The Group Portraiture of Holland*, trans. Evelyn M. Kain and Daniel Britt. Los Angeles: Getty Research Institute for the History of Art and the Humanities, Texts and Documents Series.

Kris, Ernst and Ernst H. Gombrich. 1938. "The Principles of Caricature." *British Journal of Medical Psychology* 17, nos. 3–4: 319–42.

Kris, Ernst with Abraham Kaplan. 1952. "Aesthetic Ambiguity." In *Psychoanalytic Explorations in Art*, ed. Ernst Kris, 243–64. New York: International Universities Press.

Mileaf, Janine and Matthew Witkovsky. 2012. "News Print and News Time." In *Shock of the News*, ed. Judith Brodie with Sarah Boxer et al. Exhibition catalogue. Washington, DC: National Gallery of Art.

Miller, Arthur I. 2001. *Einstein, Picasso: Space, Time, and the Beauty that Causes Havoc*. New York: Basic Books.

Miyashita, Yasushi, Masashi Kameyam, Isao Hasegawa, and Tetsuya Fukushima. 1998. "Consolidation of Visual Associative Long-Term Memory in the Temporal Cortex of Primates." *Neurobiology of Learning and Memory* 70: 197–211.

Purves, Dale and R. Beau Lotto. 2010. *Why We See What We Do Redux: A Wholly Empirical Theory of Vision*. Sunderland, MA: Sinauer Associates.

Riegl, Alois. 1902. *The Group Portraiture of Holland*, trans. Evelyn M. Kain and Daniel Britt. Los Angeles: Getty Research Institute for the History of Art and the Humanities, Texts and Documents Series, 1999.

Shlain, Leonard. 1991. *Art and Physics: Parallel Visions in Space, Time, and Light*. New York: Morrow.

Solso, R. L. 2003. *The Psychology of Art and the Evolution of the Conscious Brain*. Cambridge, MA: MIT Press, 2.

6장

이 글은 원래 2014년 9월 메트로폴리탄 미술관이 기획한 '관점Viewpoints' 시리즈에 등장하는 조각 중 여섯 점을 평한 내용이다. https://www.metmuseum.org/search-results?q=eric+kandel

Benezit Dictionary of Artists. https://www.oxfordartonline.com/benezit.

Buckner, R. L. and D. C. Carroll. 2007. "Self-Projection and the Brain." *Trends in Cognitive Sciences* 11, no. 2: 49–57.

Gombrich, E. H. 1967. The Leaven of Criticism in Renaissance Art." In *Art, Science, and History of the Renaissance*, ed. Charles S. Singleton, 3–42. Baltimore: Johns Hopkins University Press.

Harrison, C., and P. Wood. 2003. *Art in Theory 1900–2000: An Anthology of Changing Ideas*, 652–56. Malden, MA: Blackwell.

Herder, J. G. *Sculpture: Some Observations on Shape and Form from Pygmalion's Creative Dream*. Ed. and trans. Jason Gaiger. Chicago: University of Chicago Press, 2002.

Raichle, M. E., A. M. MacLeod, A. Z. Snyder, W. J. Powers, D. A. Gusnard, and G. L. Shulman. 2001. "A Default Mode of Brain Function." *PNAS* 98: 676–82.

Starr, G. G. 2013. *Feeling Beauty: The Neuroscience of Aesthetic Experience*. Cambridge, MA: MIT Press.

Vessel, E. A. and N. Rubin. 2010. "Beauty and the Beholder: Highly Individual Taste for Abstract, but Not Real-World Images." *Journal of Vision* 10, no. 2: 1–14.

Vessel, E. A., G. G. Starr, and N. Rubin. 2012. "The Brain on Art: Intense Aesthetic Experience Activates the Default Mode Network." *Frontiers in Human Neuroscience* 6, no. 66.

White, J. 1967. "Aspects of the Relationship Between Sculpture and Painting: The Leaven of Criticism in Renaissance Art." In *Art, Science, and History of the Renaissance*, ed. Charles S. Singleton, 43–110. Baltimore: Johns Hopkins University Press.

7장

이 글은 다음 논문을 토대로 했다. C. Durkin, E. Hartnett, D. Shohamy, and E. R. Kandel, "An Objective Evaluation of the Beholder's Response to Abstract and Figurative Art Based on Construal Level Theory," *Proceedings of the National Academy of Sciences, U.S.A.* 117, no. 33(2020): 19809–15, https://pubmed.ncbi.nlm.nih.gov/32747544/. 참고문헌은 주 항목을 보라.

1. A. Schepman, P. Rodway, S. J. Pullen, and J. Kirkham, "Shared Liking and Association Valence for Representational Art but Not Abstract Art." *Journal of Vision* 15, no. 5 (2015): 11, http://www.journalofvision.org/content/15/5/11.

2. A. Riegl, *The Group Portraiture of Holland* (Los Angeles: Getty Publications, 2000).

3. E. H. Gombrich, *Art and Illusion: A Study in the Psychology of Pictorial Representation* (Princeton, NJ: Princeton University Press, 1969).

4. U. Leonards et al., "Mediaeval Artists: Masters in Directing the Observers' Gaze," *Current Biology* 17 (2007): R8–R9.

5. E. Kris, *Psychoanalytic Explorations in Art* (Madison, CT: International Universities Press, 2000); E. Kandel, *Reductionism in Art and Brain Science: Bridging the Two Cultures* (New York: Columbia University Press, 2016).

6. V. Aviv, "What Does the Brain Tell Us About Abstract Art?" *Frontiers in Human Neuroscience* 8 (2014).

7. A. Seth, "From Unconscious Inference to the Beholder's Share: Predictive Perception and Human Experience," *PsyArXiv* (August 7, 2017), https:/ doi.org/10.31234/osf.io/zvbkp.

8. W. Worringer, *Abstraction and Empathy: A Contribution to the Psychology of Style*, 1st Elephant pbk. ed. (Chicago: Ivan R. Dee, 1997); E. Kris, *Psychoanalytic Explorations in Art* (Madison, CT: International Universities Press, 2000); E. Kandel, *Reductionism in Art and Brain Science: Bridging the Two Cultures* (New York: Columbia University Press, 2016).

9. U. Leonards et al., "Mediaeval Artists: Masters in Directing the Observers' Gaze," *Current Biology* 17 (2007): R8–R9; N. Koide, T. Kubo, S. Nishida, T. Shibata, and K. Ikeda, "Art Expertise Reduces Influence of Visual Salience on Fixation in Viewing Abstract Paintings," *PLOS ONE* 10 (2015): e0117696; W. H. Zangemeister, K. Sherman, and L. Stark, "Evidence for a Global Scanpath Strategy in Viewing Abstract Compared with Realistic Images," *Neuropsychologia* 33 (1995): 1009–25.

10. H. Kawabata and S. Zeki, "Neural Correlates of Beauty," *Journal of Neurophysiology* 91 (2004): 1699–1705.

11. E. Yago and A. Ishai, "Recognition Memory Is Modulated by Visual Similarity," *NeuroImage* 31 (2006): 807–17; R. Epstein and N. Kanwisher, "A Cortical Representation of the Local Visual Environment," *Nature* 392 (1998): 598–601.

12. K. Grill-Spector, Z. Kourtzi, and N. Kanwisher, "The Lateral Occipital Complex and Its Role in Object Recognition," *Vision Research* 41 (2001): 1409–22.

13. Z. Cattaneo et al. "The Role of the Lateral Occipital Cortex in Aesthetic Appreciation of Representational and Abstract Paintings: A TMS Study," *Brain Cognition* 95 (2015): 44–53.

14. S. Zeki, "Area V5—a Microcosm of the Visual Brain," *Frontiers in Integrative Neuroscience* 9 (2015).

15. Z. Cattaneo et al., "The Role of Prefrontal and Parietal Cortices in Esthetic Appreciation of Representational and Abstract Art: A TMS Study," *NeuroImage* 99 (2014): 443–50.

16. J. Savary, T. Kleiman, R. R. Hassin, and R. Dhar, "Positive Consequences of Conflict on Decision Making: When a Conflict Mindset Facilitates Choice," *Journal of Experimental Psychology General* 144 (2015): 1–6.

17. Y. Trope and N. Liberman, "Construal-Level Theory of Psychological Distance,"

Psychological Review 117 (2010): 440–63.

18. Y. Trope and N. Liberman, "Construal-Level Theory of Psychological Distance," *Psychological Review* 117 (2010): 440–63; Y. Trope, N. Liberman, and C. Wakslak, "Construal Levels and Psychological Distance: Effects on Representation, Prediction, Evaluation, and Behavior," *Journal of Consumer Psychology* 17 (2007): 83–95; K. Fujita, M. D. Henderson, J. Eng, Y. Trope, and N. Liberman, "Spatial Distance and Mental Construal of Social Events," *Psychological Science* 17 (2006): 278–82; E. Amit, D. Algom, and Y. Trope, "Distance-Dependent Processing of Pictures and Words," *Journal of Experimental Psychology General* 138 (2009): 400–15.

19. Y. Trope, N. Liberman, and C. Wakslak, "Construal Levels and Psychological Distance: Effects on Representation, Prediction, Evaluation, and Behavior," *Journal of Consumer Psychology* 17 (2007): 83–95; G. Oettingen, A. T. Sevincer, and P. M. Gollwitzer, *The Psychology of Thinking about the Future* (New York: Guilford Press, 2018); N. Liberman, Y. Trope, S. McCrea, and S. Sherman, "The Effect of Level of Construal on the Temporal Distance of Activity Enactment," *Journal of Experimental Social Psychology* 43 (2007): 143–49; N. Liberman and J. Förster, "Distancing from Experienced Self: How Global-Versus-Local Perception Affects Estimation of Psychological Distance," *Journal of Personality and Social Psychology* 97 (2009): 203–16.

20. K. Schimmel and J. Förster, "How Temporal Distance Changes Novices' Attitudes Towards Unconventional Arts." *Psychology of Aesthetics, Creativity and the Arts* 2 (2008): 53–60.

21. E. Stephan, M. Faust, and K. Borodkin, "The Role of Psychological Dis- tancing in Appreciation of Art: Can Native Versus Foreign Language Con- text Affect Responses to Abstract and Representational Paintings?" *Acta Psychologica (Amst.)* 186 (2018): 71–80.

22. W. Kandinsky, K. C. Lindsay, and P. Vergo, *Kandinsky: Complete Writings on Art* (New York: Perseus, 1994); R. Zimmer, "Abstraction in Art with Implications for Perception," *Philosophical Transactions of the Royal Society of London B. Biological Sciences* 358 (2003): 1285–91.

23. M. Turner, *The Artful Mind* (Oxford: Oxford University Press, 2006), https:/doi.org/10.1093/acprof:oso/9780195306361.001.0001.

24. Y. Trope and N. Liberman, "Construal-Level Theory of Psychological Distance," *Psychological Review* 117 (2010): 440–63; Y. Trope, N. Liberman, and C. Wakslak, "Construal Levels and Psychological Distance: Effects on Representation, Prediction, Evaluation, and Behavior," *Journal of Consumer Psychology* 17 (2007): 83–95; K. Fujita, M. D. Henderson, J. Eng, Y. Trope, and N. Liberman, "Spatial Distance and Mental Construal of Social Events," *Psychological Science* 17 (2006): 278–82; E. Amit, D. Algom, and Y. Trope, "Distance-Dependent Processing of Pictures and Words," *Journal of Experimental Psychology General* 138 (2009): 400–15.

25. Y. Trope, N. Liberman, and C. Wakslak, "Construal Levels and Psychological Distance:

Effects on Representation, Prediction, Evaluation, and Behavior," *Journal of Consumer Psychology* 17 (2007): 83–95; A. Ledgerwood, Y. Trope, and S. Chaiken, "Flexibility Now, Consistency Later: Psychological Distance and Construal Shape Evaluative Responding," *Journal of Personality and Social Psychology* 99 (2010): 32–51; S. J. Maglio and Y. Trope, "Disembodiment: Abstract Construal Atten- uates the Influence of Contextual Bodily State in Judgment," *Journal of Experimental Psychology General* 141 (2012): 211–16; N. Liberman and Y. Trope, "The Psychology of Transcending the Here and Now," *Science* 322 (2008): 1201–05.

26. W. Kandinsky, K. C. Lindsay, and P. Vergo, *Kandinsky: Complete Writings on Art* (New York: Perseus, 1994); P. Mondrian, "Plastic Art and Pure Plastic Art 1937 and Other Essays, 1941–1943," *Journal of Aesthetics and Art Criticism* 4 (1945): 120–21; H. Matisse, "Notes d'un peinture," in *Matisse on Art*, ed. J. T. Flam (Oxford: Oxford University Press, 1978).

27. P. Mondrian, "Plastic Art and Pure Plastic Art 1937 and Other Essays, 1941–1943," *Journal of Aesthetics and Art Criticism* 4 (1945): 120–21.

28. ibid.

29. W. Kandinsky, K. C. Lindsay, and P. Vergo, *Kandinsky: Complete Writings on Art* (New York: Perseus, 1994).

30. H. Matisse, "Notes d'un peinture," in *Matisse on Art,* ed. J. T. Flam (Oxford: Oxford University Press, 1978).

31. I. Brinck, "Procedures and Strategies: Context-Dependence in Creativity," *Philosophica* 64 (1999): 33–47; D. S. Margulies et al., "Situating the Default-Mode Network Along a Principal Gradient of Macroscale Cortical Organization," *Proceedings of the National Academy of Sciences* 113 (2016): 12574–79; D. A. Kalkstein, A. D. Hubbard, and Y. Trope, "Beyond Direct Reference: Comparing the Present to the Past Promotes Abstract Processing," *Journal of Experimental Psychology General* 147 (2018): 933–38.

32. H. Kawabata and S. Zeki, "Neural Correlates of Beauty," *Journal of Neurophysiology* 91 (2004): 1699–1705; E. Yago and A. Ishai, "Recognition Memory Is Modulated by Visual Similarity," *NeuroImage* 31 (2006): 807–17.

33. X. Nan, "Social Distance, Framing, and Judgment: A Construal Level Perspective," *Human Communication Research* 33 (2007): 489–514.

34. A. Seth, "From Unconscious Inference to the Beholder's Share: Predictive Perception and Human Experience," *PsyArXiv* (August 7, 2017), https:/ doi.org/10.31234/osf.io/zvbkp.

35. X. Nan, "Social Distance, Framing, and Judgment: A Construal Level Perspective," *Human Communication Research* 33 (2007): 489–514; S. Rim, J. S. Uleman, and Y. Trope, "Spontaneous Trait Inference and Con- strual Level Theory: Psychological Distance Increases Nonconscious Trait Thinking," *Journal of Experimental Social Psychology* 45 (2009): 1088–97; C. Wakslak and P. Joshi, "Expansive and Contractive Communication Scope: A Construal Level Perspective on the Relationship Between Inter- personal Distance and Communicative Abstraction," *Social and Personality Psychology Compass* 14, no. 5 (2020): e12528.

36. Y. Bar-Anan, N. Liberman, and Y. Trope, "The Association Between Psychological Distance and Construal Level: Evidence from an Implicit Association Test," *Journal of Experimental Psychology General* 135 (2006): 609–22; M. D. Sagristano, Y. Trope, and N. Liberman, "Time-Dependent Gambling: Odds Now, Money Later," *Journal of Experimental Psychology General* 131 (2002): 364–76; C. Wakslak and Y. Trope, "The Effect of Construal Level on Subjective Probability Estimates," *Psychological Science* 20 (2009): 52–58.

찾아보기

미술, 마음, 뇌

1판 1쇄 펴냄 2025년 5월 28일

지은이   에릭 캔델
옮긴이   이한음
편 집   안민재
디자인   룩앳미
인쇄·제책   아트인

펴낸곳   프시케의숲
펴낸이   성기승
출판등록   2017년 4월 5일 제406-2017-000043호
주 소   (우)10885, 경기도 파주시 책향기로 371, 상가 204호
전 화   070-7574-3736
팩 스   0303-3444-3736
이메일   pfbooks@pfbooks.co.kr
SNS   @PsycheForest

ISBN   979-11-89336-83-7   03400

책값은 뒤표지에 표시되어 있습니다.

이 책의 내용을 이용하려면 반드시 저작권자와
도서출판 프시케의숲에 동의를 받아야 합니다.